The Elevated Town :
High Rise Living in Tsunami Regions

階上都市

津波被災地域を救う街づくり

阿部 寧

三和書籍

はじめに

三陸沿岸地方は、リアス式海岸の典型的な地形を成し、その景色は変化に富み、海の幸を育む穏やかな海原だった。自然環境に恵まれた風光明媚なその姿は、観光資源として活かされ、魚介類をはじめ各種海産物の宝庫である。また、仙台市東部には美田地帯があり、大規模農業が営まれ、農産物供給地としての役割も大きかった。釜石や大船渡など臨海工業団地は、世界の自動車生産に影響を及ぼすほどの各種部品サプライチェーン機能の役割をも果たしていた。

２０１１年3月11日午後2時４６分、その地方の東方に位置する太平洋の海底で発生したわが国史上空前の巨大地震マグニチュード9・0とともに、未曾有の巨大津波が猛烈な勢いで襲いかかり、人々と街を飲み込み、多くの市町村は壊滅状態に陥った。

三陸沿岸地方は、歴史を振り返ってみればわかるとおり、何度も大津波の被害を受けてきた。今回、再びその巨大津波に遭遇してしまった。過去の経験を踏まえた教訓が、大きな意味で活かされていなかったのは何故だろう。この大震災における津波の恐ろしさは、テレビの映像をとおしてリアルタイムで人々の記憶に強烈な印象となって焼き付けられることとなった。丘の上からの映像や空からの報道写真は、津波の動きをつぶさに捉え、人々の恐怖心を煽り増幅させた。その映像の中に逃げ惑う住民の姿が痛ましく映し出されていたが、観ている者にとって助ける術もなかった。走行中の自動車があっという間に津波にさらわれ、流された。

自分にはどうしようもなく苛立たしい思いに駆られた。何の罪もない人々が、逃げる余地もなく一瞬にして津波に飲まれていく。なんと自然（地震・津波）は無情で、過酷なのだろう。到底人間の力が及ぶところではない。

巨大津波の襲来　南三陸町／2011年3月11日・NHKTV放映

咄嗟に、筆者は津波からの被害を避ける建築構造的方法を創り出さなければならないと考えた。日本列島で暮らす限り、地震と津波は切っても切り離せない宿命的な関係にある。これをしっかり自覚しておくことが重要だ。被災した人々の実体験を想像することは至難の業だが、今後は、この体験を念頭において復興構想（ビジョン）を描き、それを基盤にした被災地再開発に取り組まなければならない。

地震振動の破壊力をしのぐほどの強烈な津波力によって大地がかき乱されたのである。その恐ろしい破壊力をもつ津波に対抗するにはどうしたらいいか、人類は英知をもってその対策に力を注がなければならない。津波から人々を救うことを第一義的課題として捉え、復興への道をたどるよう努力すべきである。固定観念を外して、発想の転換を図り、なによりも生命を救う方法を根本的に考え直すことが今世紀に生きる我々の使命となる。本書は、提案という形で復興のための構造物としての考え方を模索した基本論（概念）である。復興のあるべき姿を描くことを本構想で提示したい。ここで被災者の方々に心からお見舞いを申し上げ、本書を捧げたいと思う。

２０１６年10月吉日

阿部　寧

階上都市　目次

階上都市構想のフローチャート

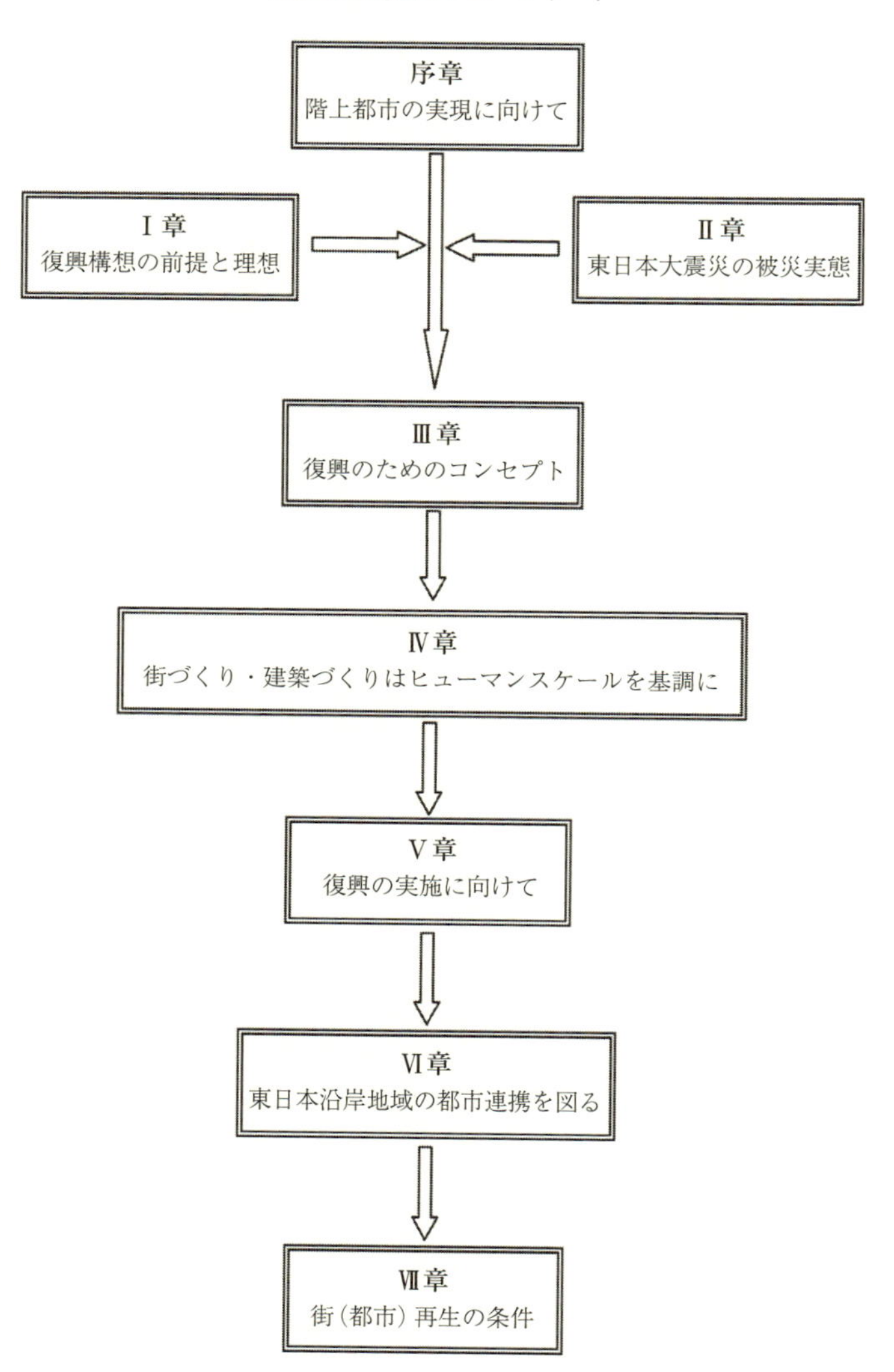

上記のフローチャートは、本書の目次の章立てを図式化したものである。これによって論旨の全容が把握でき、津波被災地域再興のための思考過程をたどることができる。

序章　階上都市の実現に向けて

日本列島はさながら海に浮かぶ船団のようだ。その日本丸に乗った運命共同体の国民にとって、ついに試練がやってきた。この辛い悲劇を二度と繰り返さないためにはどうすべきだろうか。次世代（後世）のために十分知恵を絞り、この難局を乗り越える最善策を講じなければならない。過去を振り返ったとき、先祖の知恵と実行力の成果が遺産として継承されることを望みたい。問題解決のためには拙速で、陳腐な軽々しい計画は対象外である。復興のプロジェクトは今まで経験したことのない世界的事業となるだろう。安全性重視はもちろん、快適で長持ちし、かつ生産性に富んだ再建が求められる。

例えば、住宅など個人資産に相当するものは、金利ゼロで再建できる制度を設ける。個人が賃貸方式と分譲方式のどちらを選ぶかは自由であるが、再建資金の一部を補助して被災者を支えること。それには被災者支援法を制定し、自助、共助、公助の互助精神に基づく法的措置を講じることである。したがって、被災者の一存では行動できなくなる規制はやむを得ない。ただし、個人の従前の権利は十分補償され、保護されなければならない。

今回の地震・津波災害では、国民の税金と莫大な義援金が提供されている。街が再び地震以前の低層木造住宅地域に戻れば、将来同じような悲劇が発生した場合、３・11の轍を踏むことになる。今後は国民が運命共同体の認識をもって、地震大国の防災対策を国民合意のもと、超法規的な再建計画によって実施するべきだと考える。

１９２３年（大正12）関東大震災の経験をはじめ、その後のいく度かの経験を積みながら津波に対する抜本的改善策が現在まで見出されてこなかった。内閣復興院における後藤新平の英断は、その遺産として現代に活きている。彼は復興事業を主宰する総裁として焼け跡一千万坪（約33ｋ㎡）を買収し、区画整理を断行、それを適宜払い下げるという計画を実施し、その結果今日の東京の基盤を築いた。また、江戸時代の第四代将軍家綱から特命を受けた保科正之のリーダーぶりは有名である。江戸大火始末記の記録では、大名屋敷の移動を含め、幅広い道路計画があったという。先人の教訓を活かし、将来を見据えた最先端の方法を選ぶことは、津波被災地の再建に不可欠である。温故知新とは使い慣らされた言葉だが、これ以上の的確な名言はない。

人の知恵と国家予算（税金）によって、国民の生命や財産を守る最善の計画を立て、将来に禍根を残さない方法に基づいた都市構造システムを開発すべきである。いわば温故創新に努めることが現代人の役割となる。資産は何世代にもわたって築き上げるものだ。それが国家、国民、家族の蓄積となり遺産となる。現代人はその役割を果たさなければならない。時間と資金と知恵が必要だが、保科正之が行った「事」の処理には、迅速さと示唆に富んだ勇気ある決断があった。今回のような前代未聞の巨大災害は、世界的にみても未経験である。これを克服すれば、日本人の力量に関する評価が一層高まるだろう。短期勝負が得意な日本人だが、復興には時間を掛けて取り組めば、耐久性に富んだ長寿命の国づくりができる。

被災地再建については、地域開発のあり方を根本的に見直し、世界的にみても羨むような、「子々孫々へ引き継がれる持続可能な新しい街づくり」を目指すことだ。震災後1年も経つと、政界、マスコミ、国民からこぞって復興が遅いという声が飛び交う。それは再建の難しさを理解していない証拠である。二度と悲劇を繰り返さない方法は、簡単に見つかるものではない。津波対策を組み込んだ街づくり、建築づくりを考え、それを実施するためには、100年から200年あるいは数百年先まで耐えられるコンセプトが求められる。物理的な耐久性ばかりでなく、生活様式に関する考え方が問題となる。津波対策は、目先の解決に止まらない恒久的な方策でなければならない。日本の建物は耐用年数が、30から50年といわれる。それは世界的に通用しなくなっている。問題点としては、建設に必要な材料資源、工事に必要なエネルギー、建設廃棄物の扱いなどが挙げられる。建設生産過程における資源の有効活用やCO_2対策も対象となる。被災地域の再建には、経済的な問題をはじめ、環境問題などの諸課題が山積している。それらの問題解決を図るだけでも容易ではない。

東北太平洋沿岸地域では、過去に同様な災害が繰り返されてきた。海底地下構造（海溝）が示すように、将来再び地殻変動によって津波が発生するだろう。したがって、それに対応できる再建計画を立て、津波に耐える建築構造物を用意しなければならない。その一つの方法が、本論で掲げるビル機能を複合化したユニット・システムである。そこでは完結型建物内で人々が津波から逃れ、短時間で避難移動できるもので、建物そのものが高台のような役割を果たしてくれる。低層階が津波にさらされたとしても、人々は上層階へ逃げれば尊い命は救われる。人間が地上を水平に走っても津波の速度には勝てない。何代にもわたって使える長寿建築であれば、たとえ初期投資が高額であってもそれは無駄にはならない。長期償還計画で考えれば、一般的なコストと比べ大差はない。これは何万人もの救命と社会経済的負担が軽減できる方策であり、国民的理解は可能となろう。

本論で提案するコンセプトは、現代の建設技術で問題なく解決できる。防潮堤が、今回いとも簡単に破壊されてしまった。津波のエネルギーの強烈さ（想定外）が災いし、市街もろとも破壊されたのだ。将来、これ以上のものがくるかもしれない。したがって、津波対策用構造物（防潮堤）を頼りにしないで、それに替わる建築物をもって人的被害を極力少なくする方策を提案するものである。防潮堤に頼った対策は効果がなかったことを今回の震災が実証してくれた。太平洋沿岸地域被災地の都市づくりには、その教訓を活かし、土木と建築の技術陣が一体となり、ハードとソフト面で総力を注ぐ。地域の復興と発展のための「マスタープラン」を基本に再建することである。地域住民の理解が不可欠であるが、その理解の前提として最も注意すべきは、低層住宅居住方式を根本的に改める必要があるということだ。なぜなら、人命と財産の損失、そして、津波で破壊された大量の住宅構造材によるガレキの発生、などを防止しなければならないからである。

災害対策には個人的な救済だけでなく、地域全体に何十兆円もの莫大な税金（国民の血税）がかかる。同時期に日本列島の他地域で同じような巨大地震による膨大な被害が発生すれば、日本丸の沈没は免れない。復興増税13兆円、25年間で償還処理するということだが、ダブルパンチを食らえば、国の財政破綻の原因となる。したがって、木造2、3階建ては規制して津波に強い、安全と安心が確保できる街づくりが、今後の復興に不可欠となる。

被災前は、従来、比較的平坦で低地だった。そこで安泰に暮らしていた人々が、津波によって一瞬にして悲劇の渦中におかれてしまった。「咽喉元過ぎれば熱さ忘れる」ではないが、災害は忘れた頃またやってくる。今後は、それを踏まえて急いで復旧しなければならない。復旧場所は、迷わず被災地域を対象にすることを提案したい。その場所をゴーストタウン（廃墟）化してはならない。海上に都市を造る発想で、新しい夢のある街づくりを展開することである。津波からの避難は、ヨコ逃避よりもタテ逃避のほうがはるかに有利である。建物の階段を使って避難すれば早く安全域に到達できる。本論が示すタイトルの「階上都市」はその意味をなしている。

安全のために高台へ移転するという声があるが、山をカットする造成地開発はむしろ危険であり、同時に、自然と景観破壊につながる。漁業を営む人たちは、職住近接や利便性を重視する。海から離れた場所では、生活に不便をきたすだろう。被災地の後背地は、豊かな森林に覆われ急峻な地形であって安全な宅地開発ができるという保証はない。津波被災地の再開発は、防災都市として有数な事例を残す意気込みで実施する必要がある。魅力的な再開発を企画し、希望が湧く計画でありたい。そのためには復興ビジョンを早く提示することである。その絵図が未だに示されないのが懸念される。

Ⅰ章　復興構想の前提と理想

復興には、都市計画法及び建築基準法をはじめ、あらゆる関連法規を駆使しながら新しい街づくりを行なわなければならない。加えて、各被災地には、過去に経験した災害記録があるはずだ。住民の救済を考えるならば、その経験値を十分参考にして、当該自治体の主体的判断による指導性を発揮すべきである。それは住民ばかりでなく国民の利益に通じる。被害が起ってから泥縄的始末をするのではなく、体験を活かして事前に可能な対策を講じるべきである。日本という国は、地震から免れることができない決定的な運命を背負っている。その持病を自覚しながら病後治療でなく、事前の予防治療に徹することが、日本列島に暮らす国民が忘れてはならない大事な使命といえよう。

復興対策としては、単純に考えると従来の自然発生的な再興方式に任せてしまいがちだが、それは将来に悔いを残す原因となるので絶対改めたい。必ず再来するだろう三陸地方の巨大津波は、防潮堤では防げない。多くの人が防潮堤で津波を防ぐことや高台移転に関心を深めているようだが、それは根本的に誤っている。防潮堤も高台移転も、それぞれ問題をはらんでいることに気づくことだ。

津波の力は計り知れず、恐ろしいエネルギーをもって襲ってくる。時と場合によってその動向はさまざまであり、過去の経験だけで予測することは困難だといわざるをえない。ギネスブックに記録され、世界に誇っていた「釜石の湾口防波堤」は、今回の津波でいとも簡単に破壊され、その機能を失ってしまった。それには膨大な予算が費やされていたことを知る国民は少ないだろう。それは１９７８年に着工し、完成は２００９年だった。岩手、宮城、福島の３県では、防潮堤約３００kmのうち約１９０kmが今回の津波で全半壊した。太平洋沿岸には、26箇所の巨大防潮堤があるが、東日本大震災において、その内の16箇所が破壊されたのである。（国交省と支局「東日本大震災による被災状況調査結果について第一次報告」２０１１年８月４日）

大抵の場合、津波対策は、防潮堤などで対抗する方法が主流になっている。しかし、それは何度も経験したとおり、防潮堤は人命救助にとって、ほとんど機能しなかったといっても差し支えない。したがって、本論では、その反省を踏まえ、発想の転換を図る。津波には効果のない防潮堤に頼らず、別の方法を創出し、今後の津波対策としての街づくり提案を展開したいと考える。津波が来たらそれに逆らわず、肩透かし方式に重点をおいて対処することを提案したい。津波の逃げ道を用意しておき、無駄な抵抗を避ける考え方である。押し寄せてきた津波は、最終的には、遠い海の彼方へと戻っていく。その現象を素直に捉え、津波の動きに柔軟的な対策を講じる。人力では到底津波に勝てるものではないことを十分心得て、新しい街づくりに取り組むことである。

かつて、寺田寅彦が昭和10年7月号の『中央公論』に発表した論文で、大津波を経験しながらもその場所に再び市街を造って集落を形成し、そこに人々が暮らしていることを指摘している。それを止めさせることがいかに難しいことかが述べられている。現代では、国民的視点で考えると、被災地住民の権利主張だけでは通らない話となるので、国家レベルで対策しなければならない。なぜならば、一旦災難が起ったら、政府は罹災対策として膨大な援助を行うからである。何兆円もの税金からの支援の他、人々の善意からくる募金や身をもって行動するボランティア活動が発生。それはあくまでも国民が一人ひとりの善意による共助精神、絆精神から発生するものである。原則的な問題として、それを期待するのは本来無理な話ではないか。そのエネルギーを別の方面に積極的に投入すれば、新たな社会ニーズに応じた発展的な効果を上げるだろう。そのためには、災難時において被害が少なく減災可能な形式の街づくりと建築づくりを早急に手がけなければならない。今来るかもしれない災難に対し、頑丈な構造物を主体に、人々が安全に暮せる方策に向けて前進させるべきである。それには、先ず、街づくり、建築づくりに関する教育からはじめなければならない。しかし、時間は待ってはくれない。事は直ぐにでも始める必要がある。現代に生きる者が頭を切り替え、行動しなければ、いつまでも前進しない問題として後世に引きずってしまう。今さらそれは許されない。日本列島の沿岸地域に住む人々にとって早い決断が要求される。

I-1　復興のための前提条件

津波被災地は、海水が流れ込んだ浸水域が明確に把握できるので、将来に配慮した都市計画を立案しなければならない。対象範囲は、津波の再来を前提とし、規模は過去の津波侵入実績を参考にして決める。復興の対象範囲は、津波被災地域外であってはならない。すなわち高台への移転については別途に扱い、津波対策地域を最も優先する。もともと、津波被災地は先祖伝来、長年にわたって人々が生活を営んできた拠点（故郷）である。それを簡単に捨て去ることはすべきではない。地域の「土着性」や「地霊」を尊重するならば、例え新しい復興計画であっても、その場所を大事にすることが基本となる。地霊すなわち場所の特異性と可能性を把握し、その上に立って建築群を造り上げることは、先祖からの賜物として扱うことになる。人々はそこで生まれ育ち、自分のルーツが記憶となって継承され、その場所の精神と深い結び付きを覚える。土地に執着して、安全、安心が確保できる街づくりに主力を注ぎ、「その土地でいかに生きるか」を考えるべきだ。土地の上に居場所を設けることは人間がなす業として当然である。土地がなければ建物はできない。建物が平屋でないかぎり土地の上に重層の建物を造ることになる。それが既に人工地盤の形を成している。人工地盤（土地）は、言い換えれば建物の「床版」と解釈することができる。

地震・津波災害から復活（再生）させるためには、下記の各要件について多面的に現地調査を行い、事前に十分な検討を重ね、その街の将来の方向性を定める必要がある。本論では後記①のフィジカルな面を重点的に扱い、その構想案を展開することとする。災害（津波）に強い「柔軟：フレキシブル」で「強健：ヘルシー」な街づくりを目指して新しく再開発することが望まれる。

①フィジカル（physical：物理的）な面／都市形態の原則は、機能、安全、利便、経済、耐久、保健、持続などの条件を有機的に構成すること。

②メンタル（mental：精神的、衛生的）な面／災害後に発生するＰＴＳＤ（外傷後ストレス障害）の治療活動や従前のコミュニケーション環境を早く復帰させ、住民のストレス解消に努める。

③エコノミカル（economical：経済的）な面／復興のための財政政策と資金調達は、莫大な金額となるため、国を挙げた支援と併せて民間資金の活用を。

④ポリティカル（political：政治的）な面／復興コンセプトなどの方向付けと決断が重要。被災者の住居と職場

の環境づくりが最も大きな支援活動になる。

⑤エコロジカル（ecological：生態的）な面／自然環境に関する地球保全と地域保全は、津波にさらわれた街の基本的な復興条件として前提にする。

⑥メディカル（medical：医療的）な面／医療（医者・薬品・看護士など）行為が非常に多く求められる。老若男女のあらゆる人々を対象に大小さまざまな情況で治療が必要となる。

⑦エデュケーショナル（educational：教育的）な面／教育方針のなかに津波避難の行動を迅速に行えるよう、日頃の教育内容に含め、絶対必要条件として地域を支援する。

以上の課題で万全とはいえないが、先ずは必要事項として参考に掲げてみた。なお、前記の内容を中心とする「総合防災学」といった教育分野を日本で大々的に掲げ、その開設を筆者は願うものである。それは世界的な需要があるからだ。海外からの留学生も対象になる。先行すればそのノウハウを海外の被災経験国に提供し、国際貢献を果たすことができる。地震・津波研究が進んでいる日本ながらの特異な行動といえる。

三陸地方が再三にわたって津波被害にさらされた場合、その地域の歴史が何時までたっても記憶に留めたくない悲劇ばかりに終わってしまう。家族の系譜が断絶され、文化、産業の継続性が断ち切られることになる。そのマイナス面をどうしたら改善できるかをよく考えることが必要だ。何時までも変わらない美しい街づくりの姿を示すことは後世に対する責務だと考えたい。街づくりの革命を起こし、それを実現することが現代人にとっての務めであり、それから逃避することはできない。

Ⅰ-2　復興の課題

復興に必要な代表的課題として、先ずは次の二つを挙げておきたい。後記の課題の内容における不足な部分は、具体的な対象地区の実態に合わせて随時追加補足が必要となる。

その1　物理的課題

被災地は、その街づくりに過去の経験が活かされておらず、自然発生的に街が拡大されてきた。そこに問題があったことを根本的に反省しなければならない。東日本大震災（東北方面太平洋沿岸）地域の物理的な街並み形態を表わす建築づくりに関する課題を列記し、それを目標にした復興計画を立てることが必要だ。災害時にすでに存在していた防潮堤の抑止力及び避難訓練に頼った街づくりだけでは、結果的に津波対策にならなかったことを猛省することが先決である。今後の復興段階では、津波対策を最大の課題として取り組むことが重要だ。そのための要件として主要な事項を次に示すが、さらに対象地域の特性による必要事項があれば追加することになるので、その点について注意して進めなければならない。

①**地震・津波の防災対策**／この際、津波被害を再び起こさない最善策を講じ、子孫に悲劇を引き継がない方策を整備。人為的災害は人力によって防ぐ。人命救助が第一で、同時に経済的打撃も大きい。それらの被害は絶対に避けたい。

②**地震と津波は必ず再び到来する**／これは日本列島の宿命である。そのための事前の対策が重要。油断してはい

けない。忘れてはいけない。

③**短時間で安全な場所へ避難**／建物の階段を使った上階への逃避が最も安全で有効な手段となる。

④**津波のエネルギーに耐えられる構造物**／津波の圧力に耐えられる構造物で人工地盤を構築する。その架構体とSＩ（スケルトン・インフィル）建築の導入。建物の高層化による安全性確保。

⑤**建物を短期間で完成**／早期復興のため、工期短縮工法の採用は不可欠。大量生産可能な工業部材の適用と資源の有効活用。

⑥**長持ちするスケルトン**／何世代にもわたって暮らせる建築づくり。三世代以上利用可能が最低基準。その後は、補修・改修しながら持続させる。

⑦**設備更新容易な建築づくり**／メンテしやすい設備空間にゆとりを確保。部品交換作業の容易さ。

⑧**木造建築の禁止地域指定**／ガレキを残す無残な建築は再び造らない。強固で耐火性能を高める。

⑨**ガレキ発生を極力防止**／ガレキの後始末に膨大な手間と費用と期間がかかる。そして、衛生環境に悪影響を及ぼす。処理先と処理方法に困難をきたす。

⑩**ライフラインの確保**／生活の生命線である水道・電気・ガス・電話・道路などの被害を避ける。

⑪**アーバンデザインの形成**／景観法を尊重しながら、観光資源となるユニークな街の形態を整備。海岸線の保全を重視し、防潮堤は原則設けず、可能な限り自然形を尊重する。

⑫**コンパクトな街づくり**／低層建築を集団化して立体的に構成する安全で快適な環境の街を形成。

その２　社会的課題

被災地は、はじめに「住居ありき」である。先ずはそれを復興のための第一条件として捉えるべきであろう。人の暮らしの前提となる生活の拠点を設けないことには何もはじまらない。被災地に最も近い場所で生活再建できることが、海で生計を営む東北地方沿岸地域の職住近接生活者の望むところだろう。手続きなどに時間がかかっても事前にビジョン（マスタープラン）を示すことによって、住民の安心につながり、行く先が読めるので、現在の生活設計が安定する。

現代社会は「衣食足りて住貧し」であってはならない。被災者への衣食は、各種支援によって十分足りる時代だ。問題は「住」である。仮設住宅を用意すればそれで足りると考えてはいけない。第二次世界大戦終戦直後、イタリアの復興政策は、国民の住まいづくりから始めた。政府はI．N．A．(Istituto Nazionale delle Assicurazioni=全国保険公社）の独立管理部門としてINA-CASA（CASAは家の意味）を戦後４年過ぎた１９４９年に設立。いち早く労働者住宅建設に着手し、１９６３年にかけて約３７万戸の集合住宅の建設を行った。その資金は、労働者及び雇用主による拠出金と国庫支出及び建設済みの住宅から発生する月賦払いを加えたものから捻出している。また、米国が欧州に対して復興援助計画を立てたのが、「欧州復興計画」で通称マーシャル・プランである。それによってイタリアは産業の発展と住宅を含む都市化推進に活用したのである。その頃、日本は、米国の援助をはじめ、世界銀行からの借り入れによって重工業などの産業開発に力を注いでいた。人間生活に必要なのは何か、その根幹をなす文化的認識の違いをそこに感じさせられる。

さて、前記「その１　物理的課題」を乗り越えるためには、住民、行政、政府、国民などの協力と合意を得る努力が必要だ。そのための基本的な要件として後記のような事項が挙げられる。その事項に対応するためには、高層住宅などの必要性が重要で、本課題を解決する鍵となる。大都市（東京の築地地域など）には、多くの超高層マンションやオフィスビルが林立するが、その存在を否定することは、現代都市建築のあり方を無視することに等しい。今日の建設技術力を駆使すれば、必ず期待に応えられる安全な建物ができるだろう。今回の津波の大きさは過去の現象に比べ、想定を超える事態をもたらした。その破壊力は被災地域における過去の街づくり（建築づくり）の常識をはるかに超えたものだった。今後はその経験を十分参考にしなければならない。そして、それを乗り越える構想を立てることが人命救助の基本となる。先ずは早く専門家の知恵を結集し、発想の転換を図ったビジョンを掲げ、それらに向って歩むことが肝要。大方針を定め、スケジュール（ロードマップ）を立て前進させなければ復興速度にブレーキをかけてしまうことになる。人々の生活環境の確保と本格的経済活動の再開が急がれる。希望を燃やして取り組む社会環境づくりに今スイッチを入れなければならない。

①**職場の確保**／漁業と水産加工、流通業と農林業などが主体の地域である。職場には徒歩5～10分で通える圏域を考慮する。

②**職住近接**／職場に通う人々の住居を近隣に設けることが従来の生活様式に復帰する要因となる。

③**避難が容易な街づくり**／短時間で安全域に達することが日常生活の安心につながる。

④**コミュニティー形成の重視**／被災者にとって他者との情報交換が生活の不安解消と安らぎをもたらす。

⑤**ユニークな都市（街）を創出**／街の特徴を見出し、個性がその魅力を発揮して活性化をもたらす。

⑥**設計の大前提を明確にすること**／前記その1：物理的条件に関連して、設計上の理念を明確にすること。

⑦**農・林・水産業の職場確保と建設業の協力**／被災地の復興と発展には、職場を提供して、経済的な生活基盤を

つくること。

⑧当面の生活維持対策と将来設計に配慮／短期と長期の区別を明確にした対策を講じ、ビジョン（夢）を創出。

⑨精神的ダメージの回復とアフターケア／人的・経済的損失と地震・津波の恐怖心などに関する精神的な支援。

⑩家族の絆が第一／身内を失ったケースが多数ある。災害時に一番頼りになり相談できる相手の存在は被災者の生活にとって基本。

⑪原発事故による二次被害の対策／最も難しい課題。目に見えない放射能汚染と被災者の立場は計り知れない。風評被害の問題は、報道のあり方に影響され、多面的配慮が必要。

⑫低炭素都市社会の形成／世界的な課題になっているＣＯ$_2$削減は避けられない。人命第一を目標にした街づくりを目指して。自動車より自転車を主力にした考え方を強調。エコタウンの可能性を模索。

⑬迅速な復活と救済／被災者をはじめ、自治体・国にとっても生活再建と復興は早急に方針を固め、進路を見出す。二重ローン対策などの問題解決。

Ｉ－３　木造戸建住宅の禁止と地域再生の方向を定める

津波の脅威を忘れることは、後世に禍根を残すことに等しい。人命を軽んじる行為は避けねばならないことを、今生に生きる者たちが、十分自覚して使命感をもって立ち上がらなければ、その責任と義務を果たすことにはならない。それを肝に銘じて行動することが今求められている。津波被害はないほうがいい。被害の最大悲劇は人命を失うことである。加えて人々が長年にわたって築いた多種多様な財産の喪失である。何代にもわたって継いできた先祖からの資産のほとんどが津波によって一瞬のうちに破壊されてしまう恐ろしさはなんとも表現のしようがない深刻な問題である。二度とそんな場面を生み出してはならない。また、災害復興のための膨大な費用負担は、国家のみならず、国民も同様に経済的負担を強いられることとなる。

以上の視点から判断すれば、被災地における「木造戸建住宅」は、津波被害が大きい地域にそぐわないものとして禁止すべき対象となるだろう。なぜならば、津波常襲地域では、いずれ再び襲来する津波に対抗できるものではないからである。そこには人的損失と経済的損失そして文化的損失が十分予測でき、何としてもそれを避けたい。したがって、戸建住宅の建設は絶対避けなければならない最も重要な条件として設定すべきである。土地・家屋など、個人の権利は従前の価値評価を基礎にして、それを新しい床と等価交換する方法がある。津波常襲地域では、従前のように個々人が自由勝手に復旧すれば、必ず津波による悲劇に遭遇してしまうことは明らかだ。一旦災害が発生した場合は、被災時の個人の権利は手厚く取り扱われるべきであり、社会問題として慎重に処遇することだ。ただし、過剰な処遇は許されないだろう。再び災害に遭えば個人負担とともに、莫大な税金を投下することになり、それを再三繰り返せば、国家滅亡の道を辿ることになる。地震・津波による救助や支援行為は、個人の身勝手な行動を許せば社会が混乱する。したがって、個人がどうやろうと勝手だというわけにはいかない。自由には限度があり、不自由さが伴うことを自覚すべきだ。個人の権利には限界がある。震災が及ぼす社会経済的負担は無限ではない。大きな被害を二度と起こさないためには、人命と財産を守る津波被災都市としての目標を掲げた復興が求められる。

被災地には多くの戸建住宅が林立していたことは、現地の情況を見れば明々白々。戸建住宅は、被災後に残されたガレキの始末に困惑する原因にもなっている。震災後の街には、木造住宅の基礎が数多く残っている。被災地のような都市環境では、戸建住宅の密集を規制する政策が、今後の街づくりには必須である。将来、安全・安心な生活をするためには、過去の住まい方の発想転換を余儀なくされる。日常生活の基盤となる家屋は、基本的に集合住宅で快適に暮らす生活様式に変化させることが求められよう。平面的な空間構成から立体的な空間構成によって、安全・安心を確保することが、現代に生きる人々の責務であると考えるべきである。今まで住んでいた街や住居環境の郷愁から脱して、子孫のために絶対してはならないといった覚悟をもって取りかかる必要がある。今やらなければ、未来はない。その責任は現代人にある。

街づくりには膨大な費用と期間がかかる。目先のことに終始せず、忍耐強く我慢してでも、将来を見据えた無駄にならない街づくりと、それに見合った建築づくりに徹するべきである。復旧が遅いといったマスコミや政界からの批判があるが、筆者はその声に違和感を懐かざるをえない。拙速に帰すればそれなりのことで終わってしまう。それは決して賛成できるものではない。旧来から日本人の進め方を観察するに、一例として道路工事で見る予算の年度末処理方式が挙げられるだろう。基本的な埋設工事（インフラ）が完全に終えていない場所に、表面だけつくろった道路工事を行う。工事終了後、あまり年月が経たないうちに再び工事を行うといった具合で、短期間において地下埋設工事のため再び道路を掘削して付設の上、再度道路を仕上げる。そんな街中の現象をよく見かけるが、これでは二重三重の費用がかかり、無駄に税金を消費するだけだ。年度末工事という慣習は、計画性なき行為で許されず、早く卒業しなければならない。

被災地の復興には、建物、街路、公園、駐車場をはじめ、居住者、商業者、行政マン、医療者、教育者など、全ての人たちがそれぞれの役割を担って、快適な街づくりができるよう努力すること。そして、住む人が積極的に参加できるシステムを成熟させることである。公的資金が投下されるからには、それなりの新しいシステムによって再開発することが義務となることを忘れてはならない。そして、過去の官僚主義的な進めかたは馴染まないことを念頭におくことが前提となる。

従来の再開発制度は、既存の街に手をつけることが主流だった。しかし、被災地は不幸にして大地に根付くものが津波によって全て奪われ、廃虚と化してしまった。そこに従来の街並みのような津波に弱い中途半端な計画をすることは絶対に許してはならない。行政はほとんどが既成の法律によって動かされている。したがって、行政マンがそれに縛られることは役目柄やむを得ないだろう。しかし、そんな取り組みでは被災地の復興事業ははかどらない。場合によっては、超法規的行動をとらなければ前に進まない。理想的なマスタープラン（グランドデザイン）のもとでの事業推進が望まれる。法律は実現のためにそれに沿って改正すればいい。むしろ将来のモデル・ケースになる方策をここで掲げるべきだ。「災いを転じて福と成す」的精神を念頭におくことが必要だ。

これから造ろうとする街並みと建築は、自然環境に配慮した長寿なものを目指すべきであって、スクラップ・アンド・ビルド式繰り返し方式であってはならない。全体を見つめて、確実な工程によって完成させるべきだ。人生は１００年足らずで終わるが、街はそこに大地がある限り永遠であり、後世に継承できる街づくりが望まれる。ただし、街づくりに完璧はなく、実現に向けての過程を大事にして、見直し作業をしながら常に完成を目指して推進するものだという理解が必要である。しかし、基本的な理念を簡単に覆（くつがえ）さないことである。

時間と予算配分は計画的に行い、ステップ・バイ・ステップで無駄のない事業の推進が求められる。したがって、初期段階では、少々時間がかかっても忍耐強く、将来に期待し希望がもてる国土づくりを目指して励むことができる環境づくりが大事である。その理解を国民・市民に懐（いだ）いてもらうための広報活動や議論の場を多く設け、その機会を定期的に継続維持する必要がある。

再興する被災地の建築づくりは、都市計画と一体的な高強度の建築でなければならない。その理由は、津波の脅威に耐えられる建築は、個人レベルでは取り組みが困難だからである。被災前のように個々人の敷地に建築確認許可を得たものの、所有者が自由に建設して結果的に街並みができた様相では、再来するであろう津波の脅威に対抗できないからだ。したがって、個人（個体）から集団（集合体）への意識変革が必要となる。

津波襲来再発可能地域に住むからには、絶対条件として津波（地震）に安全な構造体を採用することが大前提となる。堅固な架構体から成る人工地盤（土地）を建設（造成）し、それを住民に提供することからはじめる。原則として借地形式を採用し、スケルトン（S）部分は長寿命なものでなければならない。メンテナンスは必要だが、極力経費のかからない材料や工法を用いることである。インフィル（I）と称する内部は、修理が容易にできる規格化されたフレキシブルな形式を採用することになる。

街が壊滅すれば事実上日本経済に大きな打撃を与える。それによって労働機会の喪失、資産・財産の損失、人的資源の損失や減少が生まれる。さらには心身ともに低迷しそのダメージは甚大だ。津波防災堤防は巨大な出費となり財政破綻の原因をまねく。したがって、津波に対して何も恐れる必要のない街づくりが絶対に必要である。頑強な骨組み（スケルトン）の構造物によって強度を維持し、耐久性を増した建築物をつくるべきだ。安全と経済的負担の少ない街をつくることが、将来に希望が湧く街として歓迎され成長する。

排ガスの心配ない街づくり、騒音の少ない街づくり（スマートシティー、シェアカースタイルなど）によって環境破壊を避けたい。恵まれた自然を大事に、東北の良さが強調できること。建物づくりの概念を根底から見直し、将来性の高いSＩ方式を大前提にするべきだろう。津波によって尊い人命と長年蓄積してきた生活の糧になる財産を一瞬にして根こそぎ奪われた人々にとって、二度と経験したくない事象である。個人の歴史を全面的にぶち壊す津波を避けるために、今はあらゆる知恵を振り絞った計画力と実行力を発揮することが望まれる。

Ⅰ-4　復興に先駆けて

一例を挙げれば、東北太平洋沿岸地域の被災地には、漁業とその関連企業を主体にした職住近接型生活空間を面的な町（都市）として捉え、その中で生活に必要なあらゆる街機能を完備させ、運営することが求められる。街の運営を一つの企業と考えれば、公・民協同体制で取り組むことが必要になる。これからの自治体等公共機関は、企業経営と同様にマネジメント能力を発揮しなければ、行き詰ってしまうと考えるべきではないだろうか。すでに破綻している自治体やそれに近い危機感をもっている自治体は、全国的にみて少なくない。町（都市）の運営は、一つの会社経営と考え、それを基本にした街づくり（再開発）計画の作成を急ぎたい。税収不足が財政難をもたらし、公共事業が停滞する傾向にある今日、あらゆる可能性を求めてそれを乗り越える努力が必要だ。

人口の自然減少と不景気によって活気を失い、社会的衰退の道を辿ろうとしている矢先に、追い討ちをかけるように巨大津波の襲来があった。それが経済活動を鈍らせることは確かだろう。被災地の復興（再開発）は、将来の発展性をにらんだ大プロジェクトと考えるべきだ。それを推進するためには、今後の再建年次計画を立てて一歩一歩着実に進めることである。また、それを常に見直す機能を失わないで、よりよい方向へ軌道修正できる選択能力の発揮が重要となる。再建途上で中間チェックをすることによって、より一層最終目標に近づけながら充実した内容にしなければならない。実施に当たっては、住宅をはじめとする生活基盤施設などを急いで建設することだ。計画の中で着目するべきは、その街なりの旧来の伝統的な環境の再生である。故郷を形成する記憶に留まる素材を大事にし、それを実体化することである。また、持続可能性を確かなものとするためには、決して焦らずに時間をかけ、必要な要素を漏らさず盛り込むことだ。そのための時間と費用を惜しんではならない。急がば回れである。百年の計に取り組む姿勢が重要だ。津波災害による悲しい思いを二度と繰り返さないためには、やみくもに復興を急いではいけない。長い将来を見据えた計画をもって、納得いく方針を見いだし、長寿命建築を目指して進めるべきだ。今回の災害を契機に再出発させたいところである。後世に資産を残し、安全・安心を信条とする事業に取り組むことである。それを軽視すれば「急いては事を仕損ずる」という教訓の通り必ず悔いが残る。住民が計画に参画して、住民の手による創造的な案を見出すことだ。そのためには専門家の協力を仰ぎ、専門家はあくまでも支援部隊としての活動に徹する。専門家の名を借りて、身勝手なデザインに走らぬよう総合的判断によって進めることである。

都市は生き物であり、子どもが育っていく姿のように見守りたい。重要なことは、津波に二度とやられない構造物を前提にした将来像を描くことである。第一に人命を救う安全な都市構想を立て、3・11の巨大津波で被災者となった人々の無念さを晴らすために、これからの街づくりを考えていかなければならない。

I-5　再建場所の選定を誤ってはならない

再建場所の選定には、地震国であることと地盤の強弱について考慮すること。対象地は事前調査を十分行なう必要があるにも係わらず、最近の動きは、あまりにも無策で過去の反省もなければビジョンもないように見える。この期においてどのような街に復帰させるかが見えてこない。新しい目標に沿ったビジョンを想定することが先決であるが、その気配がほとんど見当たらない。最新の技術工学が活かされず、立地条件に関する分析が不足し、復興に向けての知恵の結集力が鈍っているのではないだろうか。旧来の技術手法が先行し、それを過信しているようにも感じられる。被災地は、その昔、自然の大地（海）であったことを思い起こしてほしい。昔の人は、建物を建てる場合、立地場所をあらゆる観点から調査・分析して、さらにその場所にまつわる安全性について慎重に確かめてから決めたものだった。その場所も過去には、人口増とともに宅地開発が進み、徐々に周辺地域へとスプロール現象をもたらした。宅地の形状や地盤状態について、過去の地歴がどんな状態だったか調査、検討もせずに、業者任せで決めてしまう。買い主は、専門家の見解を得る術もなく進めてしまうのが現実である。

また、専門家といえども商売を優先して立地条件などの確認を軽んじて応じてしまう傾向にあったと思われる。場所柄に問題があっても、技術（工法）でどうにでも処理できるといった考え方だ。人間の驕りが先行し過ぎると、とんでもない目にあうといった例が今回の震災で思い知らされたといっても過言ではない。埋立地の液状化現象によって沈下したとか、宅地造成地の地盤崩壊などの例がそれを示している。やむを得ず厳しい場所に建てざるをえない場合は、その危険性について事前に十分な調査をして、その条件をしっかりわきまえた設計をしなければならない。もし、事故が起きても場所を選んだ者の自己責任という認識が重要だ。昔は、危険性の高い場所には建物を造らない世間の常識があった。現代人は、技術を過信しすぎて総合的判断を誤ってしまう。自然災害は人力で計り知れない不確実なものである。その限界を無視した結果、莫大な損害を被る。タイの工業団地の洪水被害はその典型例だろう。建てる場所についての行政側の判断と指導が不足しているのは否めない。行政任せでなく、自己防衛能力を発揮することが要求される。

東日本大震災被災地の海抜は、海面に近いところが大半だ。しかも過去において何度も津波の被害を受けている。にもかかわらず、平地に木造住宅をどんどん造らせてしまった。それは行政の安全に関する長期的洞察力と指導力不足にあったのではないか。今後は決してこのような二の舞を演じてはならない。個人の損害のみならず、国民の負担に大きく影響することは避けたい。

I-6　防潮堤に頼ってはならない

防潮堤があるからといって安心は禁物。過信は危険だ。防潮堤だけで命は救えない。土木系の産業や官僚の勢力争いに復興計画が利用されては困る。建築系の勢力と合わせた両者のコラボレーションによる活動が必至で、両者協力体制をとって事業を進めてほしい。どちらが優先するなどの話ではない。100年に一度、あるいは、数十年に一度といった周期で津波災害が訪れる。そのための構造物であって、日常生活に支障をきたさない快適性に配慮した津波に強い構造物をつくることが望まれる。地方の地理的特色が表現できなければ、将来的な発展はおぼつかない。ソフトとハードが両立できる内容を創出し、喫緊の課題としてその解決を図ることである。

津波で破壊された防潮堤

頼りにならない防潮堤とはいえ、地域によっては、所期の目的ほどは効果がなかったものの、ある程度は役立ったところもあった。釜石の湾口防潮堤に総工事費1215億円、受益者住民一人当たり300万円（『津波災害』：岩波新書1286号）がかかったという。一千数百億かけても巨大津波の力には勝てず、ものの見事に破壊されてしまった。今後は、防潮堤の適材適所を十分検討し、事前調査をしっかり行った上で投資策を立ててほしい。税金を無駄に使わないことが納税者の願いである。

防潮堤の耐震性能に疑問が残ることは否めない。何の疑問も持たずに防潮堤を築造することは見直し、建築工学と土木工学のコラボレーションによる津波対策を検討し、建築的解決に比重をおく方策にシフトすべきと考える。建築的解決策は、津波に強い建造物として後世に引き継ぐことができる。人身を保護し、尊い命を救うことに役立つ。防潮堤は必要最小限（基準は十分検討して決める）に留め、過剰設計による余計な予算（税金）執行を避けたい。津波対策は、大きく二分して考える必要がある。その一つは、千年に一度級の巨大津波である。これは「逃げる」ことを前提としたもの。その場合、防潮堤の予算づけ以前に避難ビルとしての建築に対して優先的に投資することである。一方、発生頻度の多い50年から１００年に一度級の津波の場合は、それに見合った強度の防潮堤整備で対処する。そこには巨大津波級の過剰予算は不用だ。

国は、再整備するにあたって、被災地域に対してしっかり指導する権限と義務がある。被災までは、住民が自分で選んで住んだ土地である。支援は必要だが、住民としての自己責任がある。被災したところには、国民の血税が使われるので、元住民は、それをしっかり理解して再建に望むことである。今後の住まい方については、子孫に引き継ぐことを考え、熟慮した計画に基づいた方針をもって進めるべきである。自他共に悲劇を味わうことのないよう英断すべきだ。

２０１３年9月6日の毎日新聞情報によれば、岩手県、宮城県、福島県の沿岸に防潮堤総延長約３９０ｋｍ、総額８０００億円以上の国費が投入され、地元住民の疑問や反対があるにも係わらず工事が着々と進んでいるとのことである。仮にマンション1戸当り5千万円として単純計算すれば、１６０００戸分の住居が供給できる。

４人家族構成で計算すれば約６万４千人が収容可能となる。その予算を無用の長物に近い防潮堤に費やすことはあまりにも短絡過ぎる。宮城県気仙沼市の南端に位置する小泉地区は、５６８世帯（人口１８０９人）であった。津波高さが最大20ｍだったという。その中で３２２世帯が全半壊したのである。その小泉地区に長さ６６１ｍ、７０億円（１ｍ当たり１０５９万円）の防潮堤が建設される。併せて津谷川の堤防かさ上げ分を含めると事業費は約２３０億円となる。住民１人当たり１２００万円を超える。仮に５６８世帯をマンション化しても１世帯当たり５千万として総額２８４億円で賄える。防潮堤に加えて堤防工事費が２３０億円というから、あとひとふん張りすれば立派な津波に強い耐久性のある住宅が提供できるのである。なおかつ、被災者の自己責任分の費用を差し引いて考えれば容易にその計画は実現できる。国家予算をむやみに捻出しなくとも済むことになるのである。

ちなみに、防潮堤を止め、建物に予算をかけた場合の意義がどうあるかを次に示しておこう。

①将来、多くの人命が救え、仮設住宅にかかる予算が大幅に削減できる
②公私（官民）ともに財産の消失を防ぐことができる
③コンパクトシティ形成によって安全性や利便性を高め、公共施設の維持管理費が削減できる
④公私ともに家屋などの不動産にかける費用が軽減でき、計画的メンテナンスが容易にできる

Ｉ-７　高台移転は原則としてやってはならない

森の栄養分が海の生物を育てている。昔から海に接している森林を漁師たちは「魚つき林」と称し、魚介類を集めて増やす手段として重要視してきた。

サケマスが遡上する河川の流域における森林を保護する政策を実行しているカナダやロシアなどでは、沿岸地帯の開発禁止を既に実施。森林の土壌では、バクテリアなどの微生物によって腐植土がつくられ、海の生物の栄養分を供給している。土壌が直接海に流出すれば土砂が流れ込み、魚介類や海藻類にも悪影響を及ぼす。樹林が保水する腐植土層は、栄養素を補給する機能を果たしているのである。また、森林には、人々に森林浴を提供し癒し空間の役割を果たす機能がある。東北の太平洋沿岸には、比較的身近に緑と親しむ環境が顕在している。緑が多ければ鳥や小動物や昆虫類が生息して、動物の生態系をバランスよく維持することができる。

山の傾斜地に建物をつくることは、一つの発想として考えられることだが、それは東北の被災地において果たして好ましい手法といえるだろうか。むしろ避けるべき発想だといわざるを得ない。被災地周辺における山の断面は急峻である。旧来の森林を破壊することの損失の大きさを考えると、そこに建造物を造った場合のマイナス影響のほうが心配だ。傾斜地建築のアイデアは、都心近くで宅地の供給が難しくなった地域で考える手法である。昔は漁民が山に植林する行為があったという。そんな行動を思い浮かべると、三陸沿岸地域の山をもっと大切にしなければならない。森林を伐採すれば、腐植土層が流出し、下層の無機質層が風雪によって露出してしまう。そうなると、山の土砂が海に流れ込み、海の水は汚染されることになる。その結果、魚介類などへの悪影響も考えられる。ようするに、開発についてはあらゆるアセスメントを行って進めないと、いずれ将来後悔するはめになりかねない。ダメージを受けた地域の修復費用をどのように負担するかがまた問題になる。したがって、多面的な視点からシミュレーションした結果を得て、逐次判断しながら前進させる必要がある。「後悔は先に立たず」を繰り返すのは愚かであることを肝に銘じたい。現在のわずかな時間を惜しんで大志を忘れては、時間的、経済的浪費ということになってしまうだろう。

２０１１年4月23日現在の住民アンケートによれば、高台に移転したい意向が過半を占め、その他、防災対策のなかで元に戻りたい、といった意見がある。その考え方は非常に危険である。過去に再三経験してきた行動が「元に戻りたい」といった考え方だった。ちなみに高台には、遺跡発掘調査で時間がかかる場合がある。

３・11の震災で更地になった土地をゴーストタウンにしてはならない。被災前の街よりも魅力を増した復活を目指せば、被災地の人々に希望が湧いてくる。街は必ず復興する。いくら災害で叩かれてもその命は再燃するものである。かつて、広島、長崎の原爆跡地においても、年数がかかったけれど、立派に近代的都市として復活してきた。ただし、復興は一律でなく各都市によって事情が異なることを理解しておく必要がある。前述のような諸条件を基に、先人の経験を活かした街づくりを実行することだ。そのためには常識的な条件設定では間に合わない。発想転換を図って、新しい街づくりに挑戦しなければならない。

被災地を埋め立て、そこに建物を再建する方法がある。その埋め立て方は、後背地の高台をカットし、その土砂を被災地に運んで土地を整備する愚かなやり方である。それは地域のもって生まれた風光明媚な山紫水明を壊す原因になる。それを戻すには膨大な期間と費用が必要だ。大事な自然を破壊すればいいことはない。造成のための大量な土砂の移動は、被災地を将来的に有効活用できなくしてしまう最悪の方策と考える。土砂の搬入は地盤沈下した一部にだけ利用できる程度に止めたい。ただし、ガレキを宅地造成に用いるのは、地下埋設物として不良扱いになるので適用外とする。原則的に周辺環境を破壊することはご法度ということだ。ゴーストタウン化した被災地は、更地として新しい都市計画に寄与すべきである。都市の再生が自然破壊を促進させる要因となっては困る。一旦壊れた生態系を戻すには、何十年から何百年の歳月がかかるのである。

近くに高台がどれだけあるか、どこにでもあるわけではない。したがって、高台へ逃げればいいといった思い込みは危険である。高台へ移転したいとの声が少なくないが、高台の意味を漠然と考えていることが実は問題なのである。この地方の高台には、広い平地が多く存在するわけではない。移転用地を生むためには、造成工事による切土・盛土の問題が発生する。対象となる山の土質にもよるが、地山となる場所の地耐力が、必ずしも十分だとはいえない。仮に地山は耐力があっても、隣の盛土部分は間違いなく軟弱で、十分な地耐力が当面期待できない。土地が固まるまで少なくとも最低3年から5年はかかる。もちろん杭を打って耐力を増す方法もあるが、それは建物の基礎部分の範囲であって、基礎からはずれた周辺の庭や外部の土間などは、経年変化とともに地盤沈下（不等沈下）を起こす可能性がある。古くから長年にわたって静かに落ち着いていた土地に手をつければ、地盤に振動を与え、それまでおとなしく納まっていた地盤に悪影響がでる。その結果、地すべりを引き起こす危険性もでてくる。また、樹林を伐採した結果、雨水を一時的に含んでくれた山の保水能力も減って、山からいきなり洪水が流れ込む。その雨水は泥まみれになって海に流れ込み、海中の生き物に悪影響を及ぼすことが懸念される。山と海は、持ちつ持たれつの相関関係にあるので、そのバランスが崩れないよう注意しなければならない。自然保全地域は一度壊すと再生に長期間かかり、動植物間のエコ環境が失われる。

Ⅰ-8　ユニークな街づくり

全国唯一無二の街づくりは、観光資源として貴重な位置づけになる。右習いのシリーズものは、もはやどこにでもある二番煎じに留まり、ご当地の観光資源としての意味はなさない。日本の文化や地方の気候風土から生まれる各種資源を活用し、民俗性を活かした文化的な要素を大事にしたい。歴史が物語れる街の環境を創出することは、現在の街づくりに最も欠けた視点である。それを助長できる街環境を創れば、必ずや将来に期待できるユニークな街づくりとなる。

現在、観光立国を目指す日本の特に地方の街づくりには、この特異性が発揮できなければ、観光客を魅了することはできない。ユニークさは集客性を高める一つの手法として重要な条件となる。東北地方沿岸地域には、その要素が沢山あり実現の可能性が高い。外国の観光客からは、日本らしさが求められる。それが観光の目的になっていることを再認識すべきだろう。日本の昔からあった素材を多く提供すれば、観光客に喜んでもらえることは間違いない。日本人のホスピタリティーが、世界から評価されていることはよく知られているところであり、それを大事に持続させることを願いたい。いわゆる「おもてなし」の精神を養いたいものである。そこには観光産業が生まれ住民の就労の機会が増え、生活が十分成り立つ経済効果も期待でき、地方創生政策にも繋がる。

そのためには基本理念をしっかり設定することだ。旧来の都市計画は、一般的に上意下達方式で行なわれてきた。実施までには、一定期間にわたって市民に都市計画案を公開縦覧し、意見調整の機会を与えるシステムだ。しかし、実際は一般住民にとって関心を示す術が無案内なため、縦覧期間切れで提示された案が認められることになり、規制範囲が決定される。しかし、近年、住民の関心は少しずつであるが、高まってきているようだ。本来は地域住民にとって大きな関心事であるにも係わらず、あまり参加意欲を燃やす動向はなかった。専門的で技術的な分野なので、住民にとって触れ難い状況があったのだろう。

東日本大震災被災地の復興について住民の立場で考えるならば、余裕のない大変な生活環境下ではあるが極力関心を示し、将来に希望がもてる街づくりに、積極的に参画することを期待したい。将来を担う子孫のために、現代に生きる者として再建に力を注ぐことが使命であると考えるべきであろう。高台移転などと短絡的に考えるのではなく、旧市街地としての被災地を再生させることを前提に内容を充実させるべきではないだろうか。ただし、旧来の平面的な街並形式を復元したのではまったく意味がない。それを住民はしっかり自覚する必要がある。なぜならば、人命を失う悲劇とガレキを発生させることを避けるために。

再建の前提として総合的な問題に挑戦しなければならないが、例えば後述のような点が挙げられる。

街づくりは、個人の私権乱用は許されないのが基本的ルールとなる。被災地には何が最も大切かを先行して方向づけることである。災害援助資金によって復興を目指すならば、公費が投入されるから一定の条件によって進めなければならない。どんな街にするかを高所大所から検討し、しっかりしたマスタープランを作成することが先決である。街づくりは、百年の計を掲げなければならない。ビジョンを掲げ希望を抱くことが復興地域のよりどころとなり、被災者にとって将来に生きる道が開かれる。したがって、マスタープランの設定は重要だ。

各街はその「街らしさ」を作り出して個性美豊かで伝統を加味した新しいスタイルを求めるべきではないだろうか。被災地はその可能性を秘めている。住民の観光資源となるこの財産は、子々孫々に引き継がれていくのである。世界遺産にも匹敵するくらいの意気込みがあって欲しい。それは住民の協力と努力が伴うことはいうまでもない。夢と希望と未来を意識しながら、生活持続できる街づくりを目指すことが望まれる。

整然とした建築の構造美を取り入れ、個々に用途目的をもった空間が存在する街。その姿は長持ちする街づくりにとって必要条件となる。参考例として英国チャールズ皇太子の街づくり原則とそのパターンからヒントを得てまとめてみたい。(『英国の未来像―建築に関する考察』１９８９年発行を参考)

街づくりの要素となる項目を挙げ、多くの要素が導入できるよう期待したい。

(1) 場所性／場所を尊重し、場所ながらの風景を保つ。歴史・文化・風土・地勢・雰囲気・地霊など

（2）格付け／街の特性（素材を見出す）を活かす。伝統・歴史・文化・風土・領域・原風景・記憶・建築の自己表現など

（3）尺度の設定／ヒューマンスケール（人間尺度＝人体寸法から）。山・海・川・丘・森・部材・スケール観と周辺建築との調和

（4）調和／自然、生態、建築群造形、個（単体）と全体（周辺）、その場所の全体像と個々の建築

（5）領域／囲い空間、建築の結合、連続性、クルドサック、他の地域にないユニークさ、広場など

（6）材料／地場産、自然素材、非工業生産品、特に地場産を活かす

（7）装飾と芸術性／芸術的装飾、地域独自な造形感覚に見合ったデザインを抽出、森・海・台地・生活、ディテールを大切に、群造形、サインボードのデザイン、看板ネオンサインと照明など

（8）コミュニティーづくり／地域共同体、生活環境、学習・文化教室、住民の連帯感の創出など

（9）眺望／各都市の景観、地域性を表現する、まつり、賑わい、懐かしい街並み、美しい風景など

（10）環境の保全／自動車保有率を下げ自転車利用を高める、CO^2の削減を図る、浪費を避ける、地球環境を壊さない等の生活様式の変革

（11）ランニングコストの低減／ライフサイクルコスト（ＬＣＣ）に配慮

Ⅱ章　東日本大震災の被災実態

現地視察写真：筆者撮影

三陸各都市の茫漠たる風景は、まさしくゴーストタウンそのものだった。荒野の中に様々な残骸が声を潜めて存在していた。原形をとどめない無残な姿だけが、そこに静かに放置され、不気味な印象を覚えた。

筆者は、２０１１年10月31日、11月１日の二日間において、仙台から移動して若林区を通過し、塩竈、東松島、石巻、女川、雄勝、南三陸町、志津川、気仙沼、陸前高田、大船渡などを視察した。

三陸のリアス式海岸は、海産物の資源が豊富で、カキの養殖やワカメなど良質の海産物が取れる宝庫だった。それが壊滅状態になったのである。ここを早く回復させなければならない。伝統ある一次産業圏域の復活が急がれた。津波に襲われた街は、荒れ狂った海と化し、その海中には死体も混在、多種多様なガレキが乱流して最悪の事態を呈したのである。人々は生まれて初めて強烈な地震と巨大津波を体験したのである。現地を視察しながら筆者は先ず、どう再建させるか、必要なことは何かを考えさせられた。マグニチュード９・０の地震が及ぼした津波の高さは岩手県大船渡市綾里で想定外の３８・２ｍを記録した。そのことは構造物の将来の設計条件に大きく影響を与えることに違いない。

今回の地震・津波を発生させた太平洋側南北約４５０ｋｍ、東西約１５０ｋｍの圏域は、太平洋プレート（岩盤）と北米プレートの境界にある断層帯が分布しているところである。そこで約6分間（阪神大震災では１５秒間）にわたってプレートが活動し破壊現象が起きた。その余震は何ヵ月にもわたってしばらく続く。そんな状況のなか、日本人の冷静な行動が反響を呼んだ。東北人魂の強さと絆精神は、世界に向けて報道された。津波災害は自然が相手の戦争であり、予測できず作戦不可能である。一国にしてみたら、世界大戦クラスの大事件に匹敵する。

その後、日が経つにつれ被災地の各種産業（中小企業等）が震災倒産へと向っていく。震災後1年7ヵ月の時点で約１０００件に達した（帝国データバンク）。阪神大震災（２９1件）と比べ約3・4倍だという。福島第一原発の事故は、地震動というよりも、直接の原因は津波の波圧によるものといわれている。その結果、冷却用電源が切れ、作動しなくなって大惨事をもたらしてしまった。津波の脅威を軽く見ていたことが、このような惨事を招いたのである。手を抜かない事前の対策がいかに重要かといったことを示唆した事例といえよう。ちなみに、筆者が現地視察した範囲では、地震動による民家などの倒壊や損傷はあまり目につかなかった。

釜石市では、地震発生から15分間たった後に巨大津波が襲った。所によっては、岸壁から約５００ｍの範囲が完全に津波被害に遭い、それから更に５００ｍ以上の範囲が家屋や車などの漂流物によって二次被害を受けた。この災害は、世界的に類を見ないほど広域で、複合かつ巨大であったことを記憶に留めたい。

Ⅱ‐1　日本列島の運命

日本列島は太平洋プレート、フィリピン海プレート、ユーラシアプレート、北アメリカプレートの四つのプレートの上に存在する。それらは海底にあり、プレートのぶつかり合いによって隆起したり沈降したりしている。その結果、膨大な量の海水が上下し、津波が発生する。忘れてならないのは、各プレート境界での海溝型地震は、

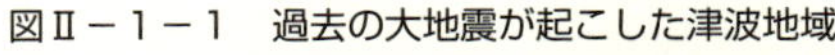
図Ⅱ－１－１　過去の大地震が起こした津波地域

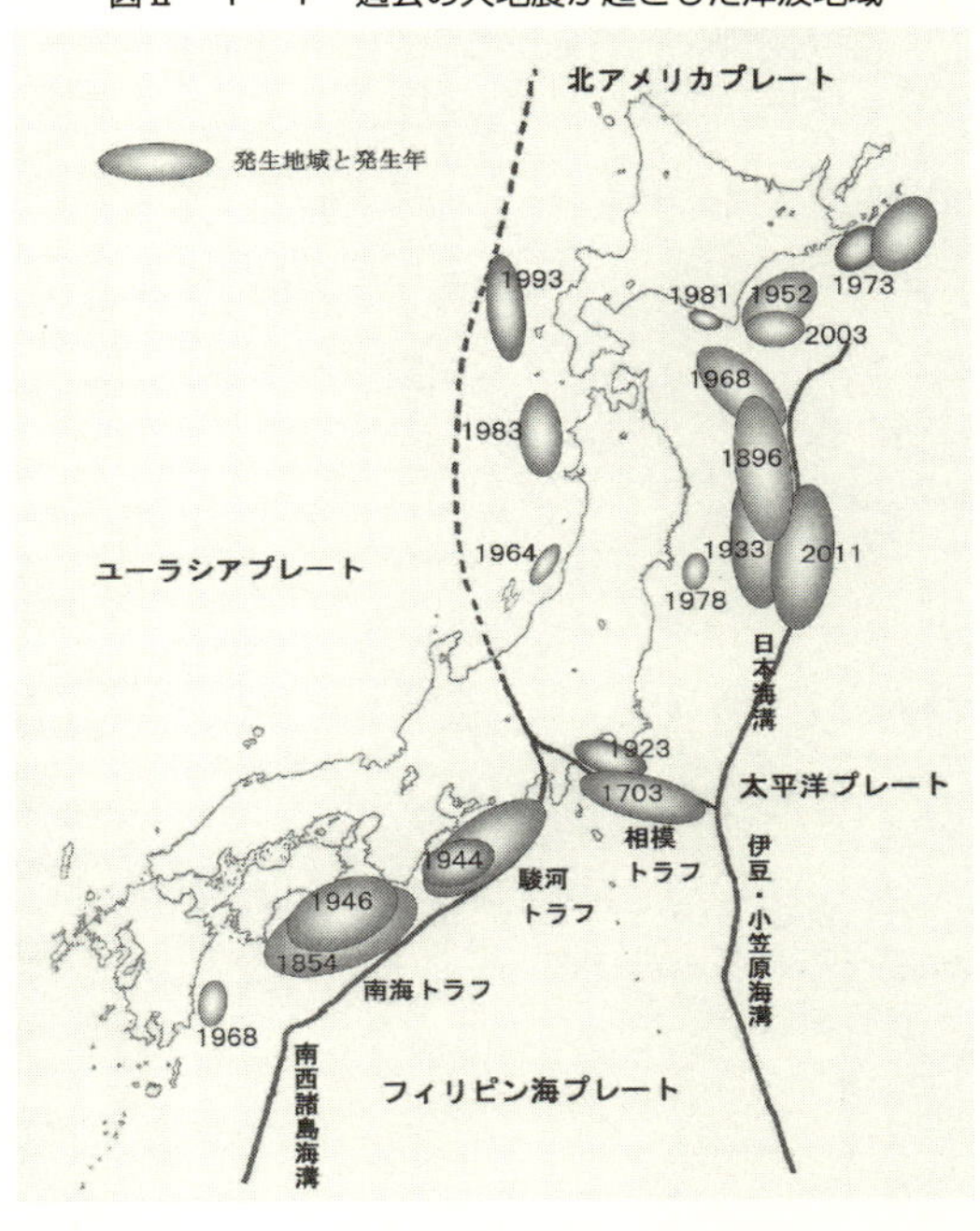

周期的に起るということである。プレートは、地球内で永遠に息づいていて、日本列島の周辺では、プレートの移動による地震と津波が常につきまとっている。国民は日常生活において地震と津波の知識を取り入れ、普段の備えと的確な行動がとれるよう心掛けておく必要がある。日本列島沿岸地域のどこでも津波の危険性をはらんでいることはいうまでもない。活断層は至るところに存在している。日本列島は各種プレートの上に存在していて、その動きに影響を受けて生活しているのである。過去において、地殻変動が起り、幾多の被害に見舞われてきたが、

図Ⅱ－１－２　津波発生過程の断面
（都司嘉宣監修『地震のメカニズム』永岡書店・参考）

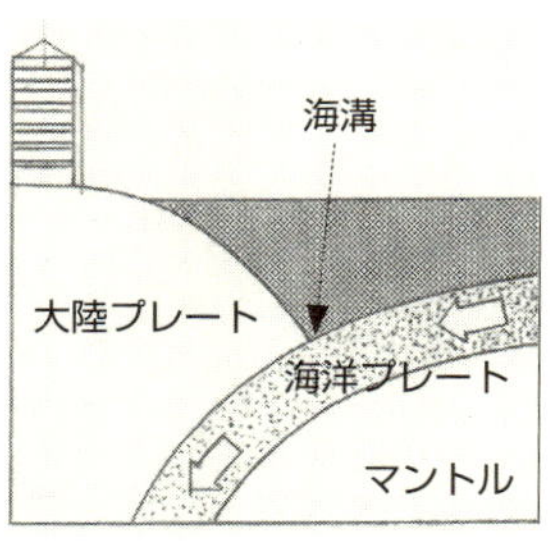

Ⅰ　海洋プレートが大陸プレートの下に沈み込む

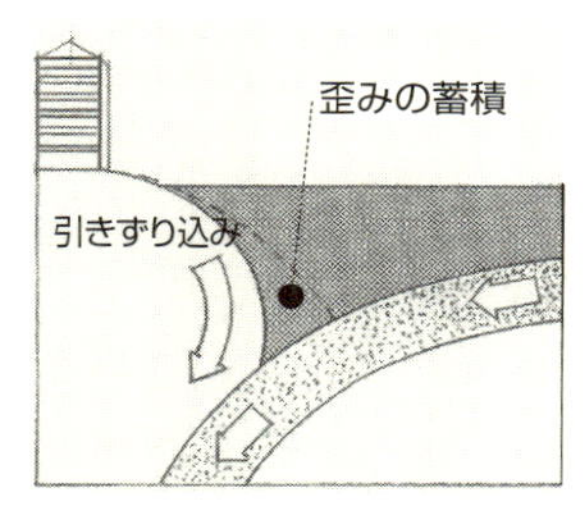

Ⅱ　大陸プレートの先端部を引きずり込み歪みが蓄積

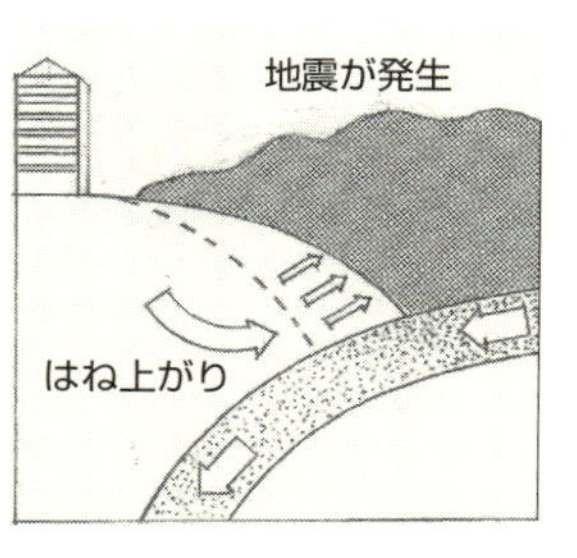

Ⅲ　歪みが限界に達し、大陸プレートの先端部がはね上がり地震発生

その都度、建築基準法の構造設計基準などを改正してきた。特に、地震振動による対策は、設計強度基準が大地震のたびに強化され、多角的見地によって設計が行われている。しかし、津波の対策については、残念ながら手薄であったことは否めないだろう。津波対策に関する文献と関係資料が地震動に関する資料よりも少ないのがそれを証明している。

被災地のほとんどが、海面水位に近い土地で、防潮堤があっても結果的に機能しなかったので津波被害を受けてしまった。昔は津波や洪水の被害がある低地には住まない慣習があったが、現代人はそれを忘れ、あまり気に留めないで生活していたことが分かった。宅地開発者が、被災地域の地理的特性をどの程度把握していたかは不明だが、事前の災害防止策を十分考慮せず、成り行きに任せて中途半端な形で開発してきたのではないだろうか。

被災後の低地をどう回復させるかが今後の課題となるが、平場になった低地の活用には、むしろ積極的に取り組むべきである。

地震の発生は不確定であり、現代の科学技術力では予測が不可能であると考えるべきだろう。国は莫大な予算（税金）を使って、大学や研究機関に対して地震予知に関する調査を委託している。それがどの程度有効活用されているだろうか。予算の浪費（金食い虫）といわれないようにしてほしいものだ。

地震研究は永遠に続くことであり、結論を求めることは難しい。人間が予測できるのは、人間が開発した人工物の耐用年数とか強度に関する劣化現象をデータによって分析し、その結果に基づく対策予測は可能だ。人間が作り出したものに対する反省と見直しによって改善策を立てるとき、あらゆる視点から検討しなければならない。それを前提にして考えると、最も優先すべきは、日本のような国土においては、津波に対抗できる強固な架構体（空間）を造ることが重要だということである。被災した場合、構造体以外の部分（内装など）は、数日間で補修処置できるので、生命に影響を及ぼす心配はない。家屋そのものがやられてしまえば、元も子もなくなりそれを回復させるには、莫大な費用と時間がかかる。災害による精神的、体力的後遺症を癒すために相当なエネルギーが費やされる。そんな悲劇を繰り返さない前述の方策を講じることによって命が救われる。

◆地震国日本の宿命

日本列島に住むかぎり、地震と津波に付き合わなければならない。しかし、日本の教育は、地震国でありながら国民生活の最も基本的な問題に触れていない。これほど津波に悩まされているにもかかわらず、その点の配慮が欠けている。いうまでもなく、海浜地域の既存市街地では、津波の強度に対抗できる建築物や構造物の対策がされていない。今回の大地震で津波被害の甚大さが、国民全体に知れわたったかもしれない。地震動によって人命を失ったことよりも津波によって失ったほうがはるかに多い。したがって、三陸地方の復活には、真っ先に津波対策を講じた計画でなければならない。地震動による破壊の対抗策は、日本の場合、過去の経験によって、その都度改善されてきたので、今回の地震の結果がそれを実証している。今回の地震では、マグニチュード9・0の脅威にも係わらず、建物が大量に破損しなかったことが、耐久性能における強靭さを物語っている。プレート上に浮いた船・日本列島では、地球上で発生するマグニチュード6以上の大地震の20％が起きている。巨大なダイナミック・プレートに乗っているのが日本列島である。そのことを日本人は、常に心得ておく必要がある。

西暦869年の貞観地震から一千年以上が過ぎた今期2011年に東日本大震災が発生した。これは想定内といえるかもしれない。今後は、東海・東南海・南海地域の南海トラフ巨大地震が発生するだろうといわれいる。30年以内に発生する確率は、7～8割と予測されている。全国の被害額は、40～60兆円と予測。日本列島の中枢機能に大打撃を与え、国家の存亡をも危うくすることになりかねない。津波による危険性は、日本列島周辺の多くの市町村に及ぶことは否めない。南海トラフ巨大地震の影響だけでも、東京の島しょ部をはじめ、静岡、愛知、三重、徳島、高知の計6都県23市町村の範囲で高さ20ｍを超えるだろうと予測されている。震度6強以上の地域も国土の約7％に当る2万8千平方キロメートルに及ぶという。

被災地の人々の生業はまちまちだが、海岸に近い場所では漁業が中心である。それに伴って加工業、流通業も含まれる。そして街が少しずつ整備されれば、そこにあらゆる人々の営みが生まれ、業種も多様化してくる。商業、飲食業、輸送業、建設業、工業、娯楽業、観光業などが発生する。街づくりには、気候風土や文化性を尊重した計画がなされなければならない。「避難方法」、「津波抑制方法」などの根本的方策転換が必要だ。予算の使い方においては基本方針を設定することが重要である。平成24年時、政府の推計によれば、東日本大震災の被害額は、16兆から25兆だという。

事業推進のためには、地域の運営方法として官民協働による「津波に強い街づくり支援機構」の創設が必要だ。充実した企画や維持管理体制を全国に分散し、連携プレーを図ることである。中央集権方式は避けたい。利権がからむような組織は作らないことである。日本の国土再開発の組織を上手く組み入れることも考えられる。全国沿岸地帯を対象に産業・雇用促進を図るのも一案。国・県・自治体、そして、民間の総合的活動が行える体制づくりもある。安全・安心を保障する国民の生活形成に寄与すること。税金の有効活用と民間活力（融資と人材）のコラボレートも見逃せないだろう。

◆今後来る巨大津波に際しての予測

南海トラフ巨大地震による津波の予測では、最大３４・４ｍ（高知県南西部の幡多郡黒潮町）の高さで襲ってくる。この予測高は、複数の震源域が満潮時に連動して高知県沖で断層が最も大きくずれた時を仮定したものである。現在既に防災対策用の津波避難タワーが標高12ｍのレベルで建てられている。最大３４・４ｍがいつ来るかは、正確に予測できる機関はどこにもいない。しかし、必ず巨大津波はやってくる。現在、それが何年以内にどこに襲来するかの研究が進んでいる。

従来、住人たちは、言い伝えられてきた標語をもとに、避難訓練などで高さを想定し、その目標に向けて避難行動をしてきた。今回予測された高さがあまりにも高い数値のため、住人によってはいつ来るかわからない津波に対して「もし、家が津波で流されたら、自分も一緒に流される時だ」といって諦める住人もいるかもしれない。黒潮町の大西勝也町長の発言は、いわゆる「避難放棄者」ということであったが、その後一転して「あきらめない」を合言葉に住民運動へと発展したのである。彼らがもし被災者になった場合、また国を挙げて膨大な支援をしなければならなくなる。したがって、住民の個人的な勝手と行動に任すわけにはいかない。未然に予防対策を講じて個人の理解を得ながら協力体制をとって、津波対策街づくりを行わなければならないのである。

津波は防災上のレベルⅠ（発生頻度が高く大きな被害を及ぼす場合で、防潮堤などで対策する）とレベルⅡ（頻度は低いが甚大な被害を及ぼす場合で、生命を守ることを第一とする）に分類されている。レベルⅠは、根本的な解決策にはならないので要注意。住居が顕在する既存市街地の場合は、暫定的に防潮堤や避難所を造って減災の手段とする。そして定期的な避難訓練を実施することである。しかし、それに頼っているかぎり、いざ大津波が押し寄せてきた場合、東日本大震災と同じ被害を受けることは明らかだ。したがって、同じ失敗をしないようにするには、根本的な住まい方の改善を積極的に進めなければならない。それは「街の立体化」である。高台への移転の話があるが、それには問題が多くはらんでいることに気づいてほしい。同じ長期的な街づくりに取り組むならば、高台の開発は避けたい。従来あった利便性の高い場所を放棄してはならない。その場所を有効活用する方法を考えることが、街の発展のためにもなる。従来の土地に根ざした再建を考えれば、避難放棄などといった悲観的な思考から回避できる。街や住居は人間生活の最も基本的な必要条件である。日本列島の海浜地域に住むからには、今までの住居形式では、あまりにも不備であることを認識してほしい。

Ⅱ-2　津波の記憶と忘却

人間は勝手なものである。過ぎたことは少しずつ忘れる脳構造になっている。忘れてはならない辛い重大なことを忘れてしまう習性がある。いや、忘れようとする働きが心のなかに潜んでいるのかもしれない。忘れようが忘れまいが、それは人さまざまに自己判断している。あるいは白黒を明確にしないで、曖昧な状態で時間が過ぎる場合もあろう。被災者には津波で被災した跡地やそこに横たわる建物とか船舶を見て辛くなる人もいれば、記憶の風化を恐れて被災現象を記念碑として存続させることを重視する人もいる。

賛否両論あるが、よくよく考えてみれば、やはり津波の恐ろしさの記憶をいつまでも後世に引継ぎ、事あるごとに注意を促し喚起させ、油断のなきよう心がけることが大切であるということに気づくだろう。それには記憶と忘却がバランスよく生活習慣に溶け込んでいる必要がある。復興は記憶を念頭においた計画によって実施することが肝要だ。記憶の対象は、津波によって大地〈岡〉に放置された招かざる遺品（船舶や建物など）をそのまま保管することである。それは被災の教訓として活かされなければならない。石碑を建てていくら銘文を刻もうとも、現実に起こった実体をそこに保存する念力には勝らない。前向きに考えれば一観光資源として活かされる。その遺品の存続を否定して、事実を無にすることは得策ではない。忘却の恐ろしさを敢えて指摘しておきたい。

津波体験者が建物の残骸を見ると恐怖心が湧き、精神的障害になるという。しかし、長い期間で考えれば、現在の恐怖心は一過性で、次世代以降は津波の恐怖が薄らぐことは間違いない。実はそれが恐ろしい。したがって、現在に生きる自分だけの感情で判断することは危険である。後世を思えば、津波の恐ろしさを記憶に留め、それを感じ取ってもらう方法を講じなければならない。津波避難の石碑では感知できない強烈な迫力と実感が体験できる象徴的物体として遺品を存続させれば、それは意義あるものとして活かされる。マイナス遺産をプラス遺産として前向きに考えれば、後世が安全に暮せる環境づくりに役立つ。

Ⅱ-3　過去の津波経験が活かされていない

宮城県沖地震に関しては、1793年、1835年、1861年、1897年(前年の1896年が明治三陸地震)、1936年、1978年と6回の経験を積んでいる。1793年においては、マグニチュード8・2の巨大地震によって大津波に襲われた。その地震と地震との間隔は26～42年であった。平均34年ピッチとすると、1978年の次は2012年に当る。まさしくその年の前年（2011年3月）に東日本大地震と巨大津波が発生したのである。地震調査委員会の長期評価によると、2003年6月の時点で、宮城県沖地震が20年以内に発生する確率は88％、30年以内では、99％と試算されていた。（伊藤和明著『日本の地震災害』より）

次に特に際立った三陸地方の津波高を表Ⅱ-3-1に示す。これを本構想の参考にしたい。実際に計画する場合は、対象地域の自然災害の記録を全部調べて安全なレベルはどのあたりかを見極める必要がある。

日本列島は海に囲まれ、海岸線は美しい景色に恵まれている。三陸地方が繰り返し津波に襲われてきたことは事実だ。住民たちは多くの人命と財産を奪われてきたにもかかわらず、その後の復興には、徹底した津波対策を実施してこなかった。防潮堤は無残にも崩壊され、人々は津波に飲み込まれてしまったのである。

1896年（明治29）、明治三陸地震の大津波被災後、三陸地方では、多くの世帯が高台に移転したが、漁師にとっては、海から遠く、漁に出るのに不便さを感じ、結果的に元の海岸近くに戻ってきてしまった。それから37年後の1933年（昭和8）3月3日、三陸沖約200kmの海底でマグニチュード8・1の巨大地震が発生した。その時、宮古、仙台、石巻などで震度5を観測したが、地震動による被害は比較的少なかった。一部で崖崩れが

表Ⅱ－3－1　三陸地方の過去の主要な津波高
参考：毎日新聞 2011 年 4 月 10 日朝刊・他

連番	年代	地域名	高さ（m）	特徴
1	グレゴリオ歴 869 年 7月13日（平安時代前期 貞観 11年5月 26 日） 貞観大地震 M8.3 以上推定	仙台平野　等	9.0 程度（推定断層モデル：東北大学より）	死者約 1,000 人溺死 多賀城下に津波襲来
2	1611 年 12 月 2 日 慶長の三陸沖地震 M8.1	伊達領域、南部・津軽等		死者約 4,700 人以上 三陸海岸で多くの家屋流出、津波の被害大
3	1896 年（明治 29）6 月 15 日 明治三陸地震 M8.2 ～ M8.5	a 岩手県大船渡市 b 岩手県陸前高田市 c 岩手県田野畑村羅賀地区	a 38.2 b 32.6 c 27.8	死者・行方不明者 約 22,000 人 流出家屋 9,800 戸 地震による被害よりも 津波の被害大 船舶約 7,000 隻被害
4	1933 年（昭和 8）3 月 3 日 昭和三陸地震 M8.1	岩手県大船渡市　太平洋沿岸	28.7 超（綾里湾の波高）	死者・行方不明者 約 3,000 人 流出家屋 5,000 戸
5	1960 年（昭和 35）5 月 24 日 （チリ 23 日発生） チリ地震津波	太平洋沿岸一帯 三陸沿岸	最大 6.0	死者 142 人 流出家屋 1,500 戸 チリ地震で発生した津波が 日本に到達
6	2011 年 3 月 11 日 東日本大震災 M9.0	a 岩手県宮古市田老小堀内 b 岩手県宮古市和野 c 岩手県宮古市青野滝 d 岩手県宮古市・松月 e 岩手県宮古市真崎 f 岩手県大船渡市三陸町綾里 g 岩手県大船渡市三陸町	a 37.9 b 35.2 c 34.8 d 31.4 e 30.8 f 38.2 g 28.7	死者 15,891 人、行方不明者 2,579 人、避難者 219,618 人（2013 年 4 月 16 日現在・復興庁） （参考：田老町防潮堤全長、1958 年時 1.35 ㎞、追加工事 1.34㎞、上部幅 3 m、基底部幅最大 25 m、地上高最大 7.7m、海面から 10.65m が崩壊した）

写真・上　岩手県陸前高田市　2011 年 10 月

写真・左　宮城県女川町　2011 年 3 月 13 日
『歴史に刻む 224 枚』（朝日新聞出版）より

あり、石垣や堤防は決壊したが、建物には壁に亀裂が入った程度で済んだという。筆者が現地視察した範囲では、今回の被害も似たような現象であった。１９３３年の地震では、岩手県沿岸の被害が大きかった。田老村（１９４４年町制施行により田老町。現・宮古市田老地区）では、３６２戸の内３５８戸が流失、人口１７９８人の内７６３人が死亡。人口に対する比率は、42％だった。

　田老町では、明治と昭和の津波経験を踏まえ防潮堤の建設が本格的に進められ、昭和の津波後25年経った１９５８年に完成。高さ７・７ｍ、総延長１３５０ｍだった（伊藤和明著『日本の地震災害』より）。さらに、その後新規事業として１３４５ｍが追加されている（吉村 昭著『三陸海岸大津波』より）。それが今回の津波で破壊された。過去の津波体験が活かされていなかったのである。防潮堤に頼っていたことに猛省を促し、その改善策を求めなければならない。

　都市の防災対策といえば、地震動による倒壊や火災被害防止などに力を注いできた。津波対策には力点をおいていなかったといわざるをえない。今回の津波事故を契機に、津波被災地域の再建にあたっては、「人的損害と経済的打撃」が起らない徹底した対策を講じることである。過去（経験を活かす）、現在（分析・検討・整理）、未来（想像・創作）を見定めた改善策が必要だ。

◆過去の苦い経験から脱却せよ

過去の経験を活かすことは、現在を担う人間の使命である。近代科学技術に目覚めた明治以来、いく度かの大津波に遭遇していながら、再度悲惨な事態を招くのは何故だろうか。筆者は「防潮堤を高くすれば助かる」とか「高台に引越しすればいい」といった安易な発言には異論を唱えたい。高く強固な防潮堤を築いたところで、巨大津波には勝てないということを大前提にした対策を講じないと再び悲劇を招くだろう。防潮堤は、いくら強度を増しても予測不可能な巨大津波を防御できない。年月が経つにつれ、恐怖心が薄らいできた現在、目先のことだけに惑わされない計画を立て、信念をもって再建に当たるべきである。

現在謳われている防災方法は、主に後述のようになっている。それだけでは人命救助の根本的な解決にはならないので、本論ではそれに補強要件（※印）を付加した。

①防潮堤の設置とかさ上げ
　※台風時の高波とか高潮に耐える程度に抑える。予算の浪費は避ける。従来の自然景観は、地域の財産であり、観光や農水産物を育む資源となる
②伝承者の声による警告
　※義務教育段階の津波防災教育として訓練活動、啓発運動の予算確保、「津波てんでんこ」の伝承
③地域内の適所に避難標識設置、「高台へ逃げよ」の避難警鐘看板設置
　※既成市街地に必要
④避難タワーの設置

※既成市街地に必要、トンネル式シェルター、救命艇などを補給
⑤被災時の避難の呼び掛け
※「大声を発して避難を呼びかける」先導者の存在確保

◆過去の三陸海岸の経験を活かして

三陸地方は津波常習地域。したがって、それに備える体制づくりが不可欠である。地元住民をはじめ、国家、行政、企業、学究などの総力を挙げて、地域社会のあり方、生活の仕方、街づくりなどの復興方針を決めておくべきである。住宅は、津波の影響圏外に配置することが絶対条件である。昭和の三陸大津波被災後において、震災予防評議会幹事に任命された今村明恒博士が指導した案が実現している。それは高地への移転だった。国の方針として大蔵省預金部が「三陸地方震災復旧資金」を準備し、低利資金の融資の裏付けも得て、住宅の高所移転を中心とする復興計画が策定された。それは示唆に富んだ解決策である。すなわち、「将来、津波が襲来した際に人命と住宅の安全を期するため、昭和三陸津波被災と明治29年時の津波襲来の浸水線を標準として、それ以上の高所に住宅を移転させる。即ち、岩手県内の集落2200戸は集団的に移転させる。その宅地造成に要する工事費は、大蔵省の預金部による低利資金を融資する」(『岩手県昭和震災誌』)としている。(山下文男著『津波てんでんこ』p-101)

一方、岩手県田老村(当時)は、住宅の高所移転は採用せず、防潮堤の建設を選んだ。田老村には移転可能とする適当な高台がなかったのである。明治の津波後の再建過程では、義援金を使って、盛土による造成の計画があったが、途中で工事は挫折してしまった。その結果、漁業活動のことも考え、海に近い元の津波危険地帯に集落を

再興し、再び家々が密集することになった。その結果、昭和津波では、三陸沿岸地域において最大の災害を被った。今回の震災〝3・11〟において同じ目にあった。その体験が活かされていなかった。流されては建て、建てては流される、といった徒労を繰り返しているのが今日までの生き方である。高台に引っ越しても災害を受けない保証はない。災害に遭遇すれば救援に膨大な国費（税金）が使われる。地震国日本列島に暮らす人間の宿命だといって片付ける話ではない。根本的な解決策をもって再建に当たるべきである。本論はその解決策を示すものである。

Ⅱ-4　津波の恐ろしさを思い知る

「津波」は英語でもtsunamiといい、国際語として通用している。津波は、地震時に起きる海底の地殻変動が原因で、海底上に生じた凹凸が刺激して伝播する。あるいは海底火山の爆発が原因で発生するものである。

海底の地形変動がゆっくりだと、地震動は感じにくいが、津波を励起する場合がある。そんな地震は、通常の地震とは区別して「津波地震」と呼ぶ。振動が弱くとも侮れない。高い津波となって襲来する場合があるからだ。

今日まで、日本の建築・土木技術分野では、地震動に対する関心が高かった。だが、津波の脅威を比較的軽視してきたようだ。地震の大きさと津波の大きさは、必ずしも連動しているとはいえない。大きい地震の後に大きな津波が必ず来るとは限らない。逆に小さな地震だからといって津波が来ないとはいえず、大きな津波が発生する場合だってある。

津波の襲来は日本ばかりではない。遠く海外でも発生している。それも繰り返しが多い。それにもかかわらず、津波対策に関する根本的な改善に取り組む姿勢が見られないのは何故だろうか。それについては経済的事情（財政難)、技術的能力不足、推進方法の情報不足、そして政治的政策能力の限界などが挙げられる。
ところで、海外における津波災害も日本と同じような悩みをかかえていて、その対策が必要なことは変わらないだろう。本論で提案する内容を参考にすることも可能だ。東日本大震災の復興に関する経験が、他国の参考になることは確かだ。その手法を他国にも活かされることを期待したいものである。次に海外における20世紀以降の主な津波経歴を掲載しておこう。

1906年　コロンビア地震(南米)　M8・8　死者・行方不明者1000名
1918年　ミンダナオ島沖地震(フィリピン)　M8・5　死者多数
1922年　アタカマ地震(南米チリ)　M8・5　死者・行方不明者1000名
1923年　カムチャッカ沖地震(ロシア)　M8・5　被害不詳
1952年　カムチャッカ地震(ロシア)　M9・0　高さ18m　被害不詳
1960年　チリ南部地震(南米チリ)　M9・5　高さ24m　死者・行方不明者6000名以上
1964年　アラスカ地震(北米)　M9・2　高さ30m　死者・行方不明者130名以上
1992年　フローレス島地震津波災害(インドネシア)
1994年　東ジャワ津波災害(インドネシア)
1996年　インドネシア：イリアンジャヤ地震(インドネシア)　M8・1
1998年　津波災害：パプアニューギニア
2004年　スマトラ・アンダマン地震(インドネシア、スリランカ、タイ他)M9・0　高さ33・2m　死者・行方不明者30万名以上　バンダアチェで最大30m級の津波が襲った

2005年　スマトラ沖地震（インドネシア）　M8・7　死者・行方不明者1300名超
2007年　津波災害：ソロモンなど
2009年　サモア地震（サモア）M8・0　高さ14・3m　死者・行方不明者180名
2010年　チリ中部沿岸地震（南米）M8・8　高さ11・2m　死者約500名（推定）

Ⅱ-5　津波の速度と圧力は脅威だ

津波の速さは、海の水深200mの場合、45m／秒（160km／時）で、地上での速さは8m／秒（約30km／時）である。水深5000m（太平洋の真ん中）では、220m／秒（800km／時）となる。また、津波の高さは、水深が浅くなれば速度が鈍る。だが、入り江の奥域になると、勢力が増し波高は急に高くなる。いわゆる遡上効果が働く。湾内では、さらに勢力が結集され波はそびえ立つ。（阿部勝征著『巨大地震』より要約）そして、湾や海岸の形によって変化するのが津波の特徴である。最初に打ち寄せた波が引き、次にやってきた波が重なって共振現象を起こし、三回目の津波で予想外の高さに発達する。ときには、数十メートルの波高となって海岸一帯をなめ尽くす。特に三陸沿岸のリアス式湾では、その傾向が強く被害が大きい。

津波の周期は、普通の波と比べると長く、数分から数十分かかる。波が1回目終わったからといって、安心して海岸に出ることは危険である。津波は一旦沖へ戻ってから再び波として勢力を上げて襲来する。家をなぎ倒し、さまざまな地上の物体を押し流してくるから人間の泳ぐ力では逃げ切れない。一旦津波に呑み込まれると、人間は海水の力よりも、強烈な勢いで流れてくるガレキで身体が傷つけられ、見るも無残な姿になってしまう。津波は水位が低くとも決して侮ってはならない。その力は、人間の脚を簡単にすくい海上へと押し流してしまう。

津波の流速が建物にどのような影響を与えるかは、十分な研究が尽くされているとは言い難い。一般的には、ベルヌーイの定理によって推定されている。それは津波の痕跡から計算する定式である。事例は、北海道南西沖地震津波がそれに該当する。残った鉄筋コンクリート建物の痕跡から観て、流速は秒速7・5mで、津波高は建物の正面で4・5mだった。だが、建物は壊れずに残存していた。

1992年に東北大学の首藤伸夫先生が報告によると、鉄筋コンクリート造の建物で、高さ5mの津波による被害はなかったという。他方、コンクリートブロック造の家屋は、7m超の津波によって大破した。木造家屋は1m以上で被害が出はじめ、2m以上になるとほとんど大破したそうである。結果として海岸近くにあった鉄筋コンクリート造の建物は、津波に耐えたのである。

日本列島の太平洋沿岸の被害は、近海海底（海溝）で発生する地震の影響だけではない。遠く太平洋を越えたアメリカ大陸（チリ地震津波など）で起きた地震による津波の影響を受けていて、今後もその可能性はある。また、インドネシア（スマトラ島沖）の地震による津波が日本の父島（103cm）、潮岬（96cm）などで観測されている。沿岸の既存市街地では、予報―警報告知―避難誘導などは欠かせない課題となる。しかし、これからの街づくりにおいては、避難装置を大々的に装備しなくても済む再建方式を考案するべきである。防波堤の施工、ハザードマップの作成、各種防災対策などは、必要最小限に止め、街づくりには建物の高層化（集合住宅など）によって安全を確保する方法へと導かなければならない。

基本的な指向として防潮堤に頼る考え方から転換することである。経験を活かした発想転換によって、新しい考え方を基調にした再建を図りたい。

A　**津波の速度**

$V=\sqrt{gh}$（V：津波の伝播速度、g：地球の重力加速度＝9・8m／S^2、h：水深m）

例題

①水深2000m×9.8/S^2＝$\sqrt{19.6}$km＝140m×60×60＝504km/時

②水深4000m×9.8/S^2＝$\sqrt{39.6}$km＝198m×60×60＝713km/時（ジェット機並みの速さ）

太平洋の平均水深が約4200mだから、時速730kmとなり、驚異的速さである。

タイ・プーケットの津波（スマトラ島沖地震）の場合、地上で8m／秒（約30km／時）であった。自転車（約20km／時）でも逃げ切れない早さである。したがって、歩行手段で1秒でも早く上層階へ避難することが、最も人命救助に有利だといえる。（伊藤和明著『津波防災を考える』岩波ブックレット№656より）

B　**津波がビルに及ぼす圧力**（『日経アーキテクチャー』2011・4・10号より）

津波の動きとその海流の圧力がどんなに強力か、その概要を図Ⅱ・5・2（次ページ）に示した。海から侵入した津波は内陸へ進むにしたがって衰えるどころか、遡上効果が働き波高が盛り上がり高さを増す。その圧力は、引き潮のほうが強い場合もある。

図Ⅱ－５－１　押しと引き（往復）の流れ

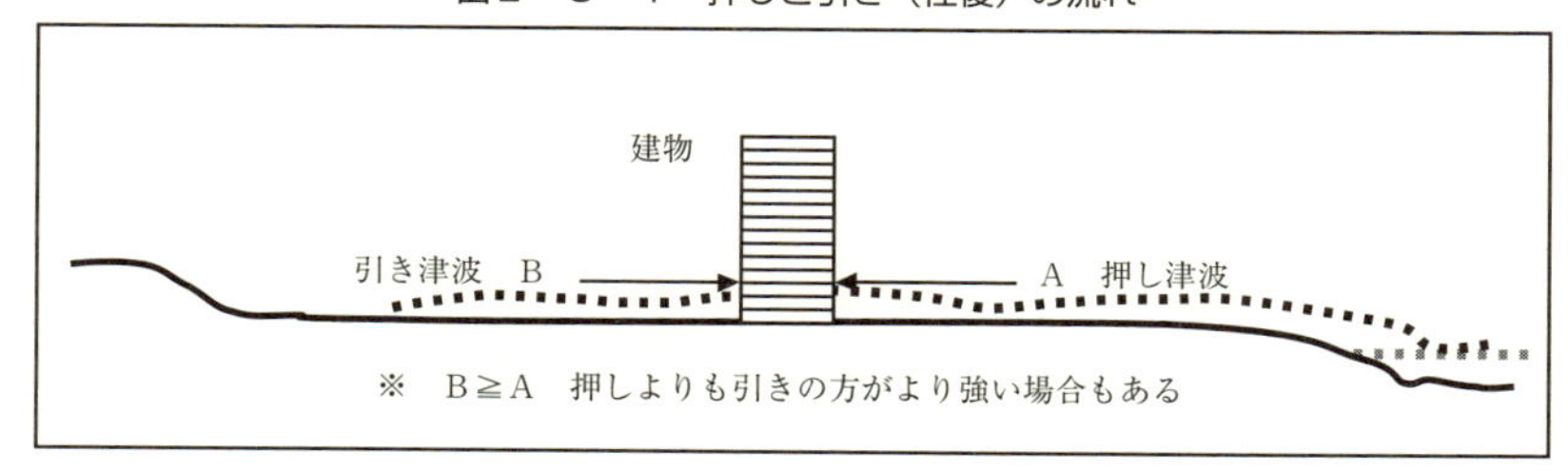

図Ⅱ－５－２　津波の圧力

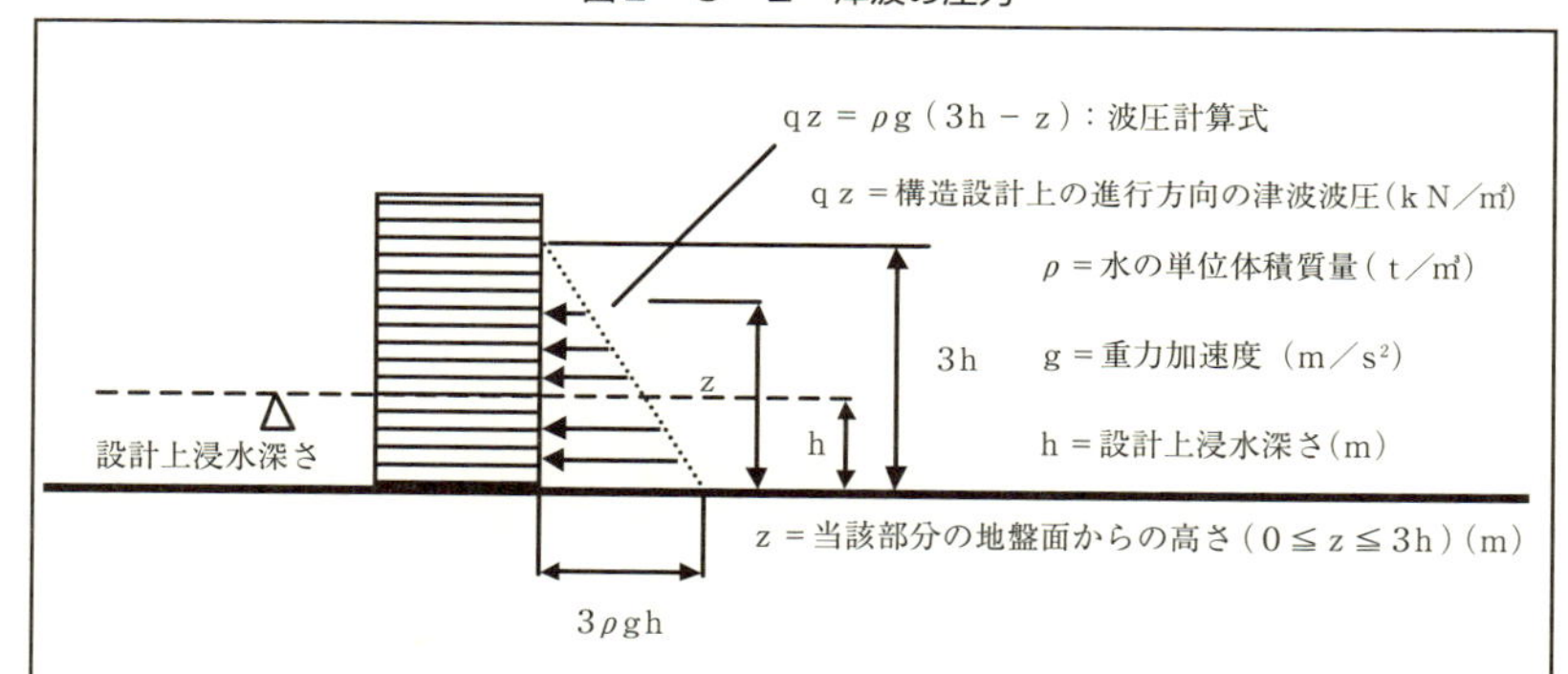

直立護岸からの距離が波高に対して2.5～20倍といった値に近い構造物を対象にした実験による。３という係数は、静水圧の3倍の意味。10 m高の津波の場合、30 m高の静水圧がかかったものとみなす。

（内閣府2005年6月公表「津波避難ビル等に係るガイドライン」を参考にして作成）

※耐震性を高めた建築は、津波に強い。ピロティ形式の場合は津波荷重が少ないが、耐震上は不利になる。しかし補強すれば間に合う。

※地震：振動による破損度が問題

※津波：海水圧による破壊が問題。塩分、汚水、油、瓦礫・ゴミ問題もある

（情報）牡鹿半島：地盤沈下1.2 m

※全国水準点レベルが10 cm下がったので富士山が＋10 cm高くなる。

Ⅱ-6　日本列島周辺は海抜ゼロメートル地帯

表Ⅱ－6－1　海抜ゼロメートル地帯の例　2014年時

国交省「わが国におけるゼロメートル地帯」

地　域	都道府県	面積km²	順位	地　域	都道府県	面積km²	順位
青森平野	青森県	3		濃尾平野	岐阜県	61	
気仙沼	宮城県	1		濃尾平野	三重県	55	
九十九里浜	千葉県	14		大阪平野	大阪府	55	
関東平野	千葉県	15		大阪平野	兵庫県	16	
関東平野	東京都	124	4	広島平野	広島県	9	
関東平野	神奈川県	6		高知平野	高知県	10	
越後平野	新潟県	183	3	筑紫平野	福岡県	46	
豊橋平野	愛知県	27		佐賀平野	佐賀県	207	2
岡崎平野	愛知県	57		熊本平野	熊本県	9	
濃尾平野	愛知県	286	1		合計	1184	

ゼロメートル地帯とは、地面の高さ（標高）が海水面より低い土地。つまり、海岸付近で地面が満潮時の平均海水面より低い土地をいう。そのような所は、台風や高潮の際、内陸への海水浸水防止のため堤防や水門を設置している。

日本列島は沿岸地域が多く、海抜ゼロメートル地帯だらけである。そして、海岸沿いの低地に人口の大半が集中している。ゼロメートル地帯の面積は全国で約１１８４km²（１９９０年測定）。なかでも愛知県（濃尾平野が２８６km²）が一番広く、続いて佐賀県（筑後・佐賀平野２０７km²）、新潟県（越後平野１８３km²）、東京都（関東平野１２４km²）、以下は二桁の数値となっている。また、地盤沈下によってゼロメートル地帯になった例も少なくない。

温暖化研究の成果によれば、西暦２１００年時の予測では、海水面が82ｃｍ上昇するという。したがって、地盤沈下ばかりでなく、海水の水位が上って影響することも考えておく必要がある。

Ⅱ-7　ガレキが大量発生

ガレキという言葉は、漢字で「瓦礫」と書く。これは瓦や小石のことをいい、破壊された建造物の破片など、値うちのない、つまらないものを意味している。だが、津波災害のガレキは、つまらないものだけではない。その内容は多種多様で複雑である。家電製品などのなかには、価値あるものが混在している。金属系には、部分的にある種の資源が含まれている。木材系の中には無駄にできないものもある。とにかく膨大な量のガレキが発生したので、それらをどう処理するかが、大きな課題となってくる。被災地では、相当な量をまず仮置場などに移し、その先の最終処理置場へ移動させることに苦慮した。

被災地は津波によって街が瞬時にガレキと化した。1年経過してもその後始末にてこずっている。それは大量のガレキの中身を見れば分かるだろう。生活用品のあらゆる物資が混在していて、その処分の困難さに自治体は困惑した。テレビではコメンテーターなどが勝手な感想を無理やりに語ったが、直接現場で処理に従事している人々の声は伝わらなかった。全国の自治体が受け入れ協力に当初難色を示したが、誤解は徐々に解け、処理の受け入れに協力した。「災害廃棄物処理特別措置法」（2012年3月）によって被災地以外で受け入れる広域処理が可能となったからである。その対応について下記の要旨を表明している。

①法律に基づき全都道府県にガレキ受け入れを文書で正式要請するとともに、放射性物質の濃度などの受け入れ基準や処理方法を定める

②民間企業への協力拡大を要請

③週内に関係閣僚会議を設置し対処

ガレキの大量発生は想像を絶している。再建する建築づくりは、ガレキを極力発生させない建築生産方式を絶対条件として掲げるべきだ。何よりも重要なことは、人命救助が第一。死者・行方不明者を可能な限り少なくすることが今後の再建に要求される。また、資産としての土地・家屋、家財道具は、人生の歩みとともに活用してきたもの。それらは家族の歴史を証明する。それを失うことは、心身ともにダメージを与える原因となろう。再建には多面的な減災の手立てを講じなければならない。

被災地は大量なガレキの山であった。悪臭が漂い、メタンガスによる発火現象が発生し、ハエの発生などによって衛生環境上心配な時期もあった。疫病の心配もなかったわけではない。ガレキの発生は、主に民家などの建物（木造）が破壊された残材であった。2013年10月時点でかなり始末がついたというが、費用ばかりでなく、受け入れ抵抗運動にも手を焼いたのである。

写真・上：宮城県名取市
2011年3月12日
毎日新聞社・刊
『巨大津波の記録』より

写真・下：宮城県南三陸町
2011年3月12日
朝日新聞出版・刊
『歴史に刻む224枚』より

❖過去の津波では、今回ほどガレキが多く発生したことはなかった。時代の変化とともに海岸沿いの住宅や工場などが、近年になって多く林立したからであろう。ガレキの大方は、木造系住宅が破壊されたものである。また、自動車やオートバイ、そして船舶が陸に流され残置されたものも少なくなかった。その他住宅内や工場などで使われていた各種道具類などが含まれている。ガレキが漂流して２０００ｋｍを超える遙か彼方のハワイへ到着。すでにアメリカ大陸の一部にたどり着いた漂流船などがあった。コンクリート系のガレキは90％以上再利用可能であるという。

ガレキは原則として発生地域内で処理できることが最も良い方法だろう。運搬経費だけでも馬鹿にならない。手続きには時間がかかる。今回のような異常な量を発生した場合、全国的協力によって各自治体が応分の処理を行ったとしても、その対応には限界がある。また、ガレキの処理費用に３０００億円予算が計上され、運搬・分別・衛生処理を国の特別措置法で処理するという。国庫の補助率95％、地方負担分5％も地方交付税で措置することになる。

石巻市内ではガレキから火事騒ぎが3回／日発生した。その有毒ガスに注意しなければならない。木造住宅解体作業の場合は、市内全体で約1年かかる模様。そこで木材、たたみ、トタンなどが発生する。仙台市では、１日１５００台のトラックがガレキ（15品目）の運搬に取り掛かっている（２０１１年10月2日、フジＴＶ「報道２００１」／東北大・吉岡敏明教授解説）。

ガレキは、そもそも貴重な資源を利用して製品化したものばかりである。それを無神経に扱っていいものだろうか。ただゴミのように見えても、そのなかには貴重なもの、再利用できるものなど、再生可能な資源として活用すべきものが混在している。泥にまぎれたガレキは二段階焼却扱いになるが、時間がかかっても、仕分して再利用を図るべきである。木材、鋼材、プラスチック、ガラス、テレビ、エアコン、冷蔵庫、繊維類、紙類など、特に、小型家電には、自動車や情報技術分野の産業に欠かせないレアメタル（希少金属）や貴金属が含まれている。それを扱う資源回収業が進出して効率的に始末してくれる。既存の産業に加えて新規の起業を参加させれば、雇用促進に繋がる。

2011年8月末現在、岩手・宮城・福島の3県でガレキは計2000万トン以上と予測された。その後11月時点では、岩手県と宮城県両県だけで2000万トンを超える量となった。そのガレキの処理方法については、あまり決定的な方策が浮上してこないのが実態である。広域処理など面倒な方法はとらないで、最初から地域内処理方式で考えるべきではなかったか。他県へガレキを移動させるために神経を配れば、時間と経費が余計にかかってしまう。ガレキは移動すべきといった先入観が働いていたように見える。同じ税金を使うのなら、ガレキは発生地域に留め、有効活用を図る研究開発費にかけたほうが将来に希望がもてたのではないか。

ガレキを焼却・分別・埋め立て用として仕分していると、その始末には膨大な費用と期間がかかるだろう。石巻市だけで600万トンあり、それを始末するのに100年はかかるという。ガレキ量は、公には総合で2800万トンといわれるが、実際はその二倍近い量が予測できるといった見解もある。

Ⅱ-8　鉄筋コンクリートの建物は残って活かされる

今回の震災がそれをよく物語っている。躯体そのものはしっかり存続した。3階・4階レベルに浮上した津波をふりきって、屋上に逃げた人々は助かった。建物が破壊されなかったのが幸いしたのである。旧来から鉄筋コンクリートの構造体は、海辺にあっても、鉄道橋の支柱の事例で分かるように、長期間にわたって海水に洗われても壊れず存続している。最初にしっかりした工事と維持管理を行えば長期にわたって活用できるということである。構造体以外の部分が壊れても構造体は残って機能し、人命は救われる。地震と津波の襲来が何年ごとにあるかは確定できないが、発生間隔が長ければ長いほど、その建物は安全に長寿命建築として存続することができる。これを機会に、地震・津波がいつやってきても不安を覚えずに暮せる建築形式を開発すべきである。被災地において旧来の木造建築は、絶対に許してはならない。人命を失い、ガレキを発生させる原因となるからである。津波常襲地域においては、原則的に鉄筋コンクリート高層建築をもって再建させることが街づくりの基本的条件となる。

一例を示すと、一般国道45号線の普代バイパス（岩手県普代村）は、高架橋が工事中に今回の震災に見舞われた。しかし、それは無事だった。震災3ヵ月後の6月に早くも工事を継続着手したという。長さ４２１ｍで、ＰＣ６径間連続箱桁式橋梁である。（「建設通信新聞」２０１２年3月１４日）あれだけ強い地震に遭ったが、短期間のうちに工事を再開することができた。鉄筋コンクリート造の信頼性を証明してくれた例である。震災後の被災地には、既製の鉄筋コンクリート造の建物や橋梁がしっかり残存している。

鉄筋コンクリートなどの堅固な建物で骨組みまで津波に壊された例は一部である。ほとんどが無事に存在している。この認識をしっかり記憶に留める必要がある。陸前高田市内の某ホテル、気仙沼にある沿岸の市場など、建物は存立し、徐々に機能回復している。

写真Ⅱ－８

上左、上右：宮城県気仙沼市・気仙沼シャークミュージアム・海の市
中左：宮城県石巻市・集合住宅　　　　　中右：宮城県石巻市・某事務所ビル、
下左：宮城県女川町・マリンパル女川　　下右：宮城県気仙沼市・JR 気仙沼線橋梁

筆者撮影 2011 年 10 月

Ⅲ章　復興のためのコンセプト

津波に洗われた被災地をそのまま更地（空き地）にしておくわけにはいかない。従前の街の姿より将来に期待がもてる魅力的で価値ある構造体をつくり、安全・安心の居住地を設けることが、新しい街づくりにとって不可欠だ。快適性は居住者が自ら工夫をすることが望ましい。従前からそこに住んでいた人たちが戻ることは当然だが、それればかりでなく、新規移住者が被災地に進出したくなるような構想を重視したい。つまり、働く場や居心地の良さを感じるような将来に期待できる街の機能をバランスよく構成させることである。それには街の運営・維持ができる複合的な密度の濃いものを立地させせなければならない。

イタリアの海上都市ヴェネツィアには毎年１２００万人の観光客が訪れる。１００を越す美しい水路や魅力的な細街路をはじめ、周辺には歴史を飾る建物が密集し、しかも夜間人口が定着している。毎月数回に及んで満ち潮になると広場が水浸しになるが、その都度、栈橋をかけて人々の通行に役立てている。観光客はそれがまた妙な感じで、いかにもヴェネツィアらしい雰囲気を味わう。決して効率的な行動ではないが、それを是とする運用が興味深い。ナポリも同様であるが、海の幸の水揚もあってイタリア風海鮮料理を味わうこともできる。ビザンチン時代（9～12世紀）に開港し、ルネッサンス時代（15～16世紀）に世界貿易の拠点として発展したヴェネツィアは、街づくりや建築デザインの有能さを活用して、街の寿命を長く維持し、居住者の経済的繁栄を成し遂げてきた。東北太平洋沿岸被災地の場合は、国内をはじめ、世界から来場する観光客に感動を与えることができる地域開発とその育成が、将来の街づくりにおいて重要課題となる。住民が自慢できる街、個性を重んじて古き歴史を大切にする街、そして、将来への期待感が溢れる環境づくりを目指して進めること。さらに、人間中心の街づくりに力を注げば一層魅力が深まるだろう。整然とした区画割とそれを補う柔軟な環境づくり。そして、あえて避難しなくとも暮せる街づくりなど、古き伝統を現在に活かしながら、新しいデザイン開発が可能な巧みな運営を期待したい。伝統に依存するばかりでなく、伝統を活かした挑戦型志向をコンセプトに掲げることは、街づくりにとって重要なポイントとなるだろう。

Ⅲ-1　発想の転換が重要

暮らしの場の再生と革新的構造システムへの転換が復興の大前提となる。人が抱く辛さは希望を抱くことによって救われる。

津波にさらわれた街の更地に新しく思い切った手法で将来を託すことができる街づくりをすることが、震災で亡くなられた方々への最大の供養になるのではないだろうか。また、将来を担う若者のために、良い資産を残してくれたと感謝される先祖でありたい。今日、生き残った人々ができる唯一の思索となることを祈りながら、この大震災の悲しみとダメージを早く払拭して立ち直らなければならない。それが現在生きる人々の義務である。復興がどのように進むかは、被災者を中心として、政府機関などを含めた組織的な動きが必要だ。その働きは世界から注目されている。震災を決して無駄に終わらせてはならない。むしろチャンスだというくらいの意気込みで、用意周到な先を見た緻密な計画に基づいた復興計画とその実行が強く望まれる。平成23年3月11日の震災がもたらした最大の問題点は次のとおりである。したがって、復興には発想の転換が必須となる。

①人命を失ったこと、②膨大なガレキを発生させたこと、③過去に高額投資した防潮堤（防波堤）などは防災対策機能をほとんど果たせなかったこと、④震災を目の当たりに経験した被災者として計り知れない苦労と心労に耐えている人々を早く救援すること、⑤住いと働く場づくりを早く推進させること、⑥構造物は耐久性と長寿命性に優れたものとすること、⑦コストは合理的で廉価であること、⑧環境に優しく配慮したものであること、⑨低炭素型でエネルギー効率のよいものを導入すること、⑩電柱を無くし、地上の共同溝（高置道路内に併設）を採用して電気、通信、水道、排水などを空中ピットに設置させ、ガス系統は各棟単位で共有すること、⑪モデュールの設定と生産性向上と大量生産・コスト低減を図ること、⑫建築などの構造物の生産システム化（例：ＳＩ建築）を図ることである。

木造建築が原因のガレキ発生量をみれば明らかなように、再開発する場合の建築づくりには、ガレキを極力発生させない構法を絶対条件とするべきだ。建物の躯体（骨組み）は鉄筋コンクリート系と鉄骨系を中心に建設し、木造系は禁止する。なぜならば、津波に流されたほとんどのガレキは、木造建築の柱・梁などの木材だからである。ガレキの集積場では、その処分に四苦八苦している。山積みの中から発生したガスの発熱によって発火現象も起っている。何よりも重要なことは、人命救助が第一ということである。死者・行方不明者を可能な限り少なくすることが今後の再建に必要不可欠となる。また、資産としての土地・家屋、家財道具は、人生とともに活用されてきたもので身近なところに所有しておきたいだろう。それは家族の歴史を刻む証拠品でもある。それらを失うことは、当事者にとって日常生活に損傷を負うことと等しいので避けなければならない。

従来、津波から避難するためには、既存の街環境や建物状態を是認して、それを前提に対策してきたことは否定できないところである。今回の東日本大震災における被災状況をみれば分かるとおり、街が全て壊滅状態になったことと、そのなかで多くの住民が犠牲になったことは、社会の大きな損失であり、残された者たちにとっての悲しみは計り知れないものがある。経済的、技術的能力を蓄積してきた近代社会に生存する現代人の使命として、この震災を機会に、二度とこのような大被害に遭わない街づくり方策を講じなければならない。それには従来の津波対策の方法から脱した根本的な見直しによって、新しいコンセプトに基づいく街づくりと建物づくりに立ち向かうことである。それには官民協力体制で、その開発に取り組んでもらいたい。犠牲者の死を無駄にしないためにも、街を全部作り直す意気込みで、開拓者精神をもって実行しなければならない。生活様式の抜本的な変革が伴うことでもあるので、被災した方々の協力と政治的な計らい、そして民間事業者の協力などが必要となる。それらの組織体制づくりが復興事業を促進させる要因となることを指摘しておきたい。

Ⅲ-2　将来更新可能な建築システムの導入

建築物をスケルトン（構造体）とインフィル（内装・設備）に分けて造る設計手法をＳＩ方式（skeleton infill）という。これは恒久的スケルトンと更新可能な内装・設備を完備したもの。将来、建物の用途変更や改修等が生じた場合、構造体に影響なく目的に適った改造を可能とする方式である。建物の骨組みは従前どおり活用することができる。これからは現存する鉄筋コンクリートなどの堅牢な建物を全部壊して建て替えるスクラップ・アンド・ビルド方式の建築生産は時代に逆行するといった理由で採用し難くなる。構造体は従来どおり残して、インフィルを再整備し、建物を復活させるSI方式が、建築活用術として将来的に常識化するだろう。ヨーロッパでは、一般的な建築活用方式として旧来から行われている。このシステムを用いれば、建物にかかる経済的負担が半減できる。また、建物の文化的価値を継承するための解決策としても有効である。スケルトン（構造体＝骨組み）は、少なくとも100年から200年の使用が可能となり、メンテナンスがよければ、もっと長持ちさせることもできる。将来的に建物オーナーなどは、建設管理コストが総体的に低廉な負担で維持できる。日本人は、一般的に住居に関する長期の経済的負担が高すぎる。それを軽減する建築システムの導入が必要だ。震災復興の建築生産システムとしてこのSI方式を是非採用したいものである。これからは、時代の変化に応じて容易に、そして、柔軟的に対応できる建築システムが求められる。

さて、今回の震災によって、今後の災害地復活の課題が発生するが、それをどう解決するかが大きな課題となる。この際、被災者の救済には、国がインフラ整備（道路、橋、上下水道、電気、ガスなどを共同溝に納める）を含む基礎的な建築構造物（人工地盤・人工土地）を建設して、それを分譲や賃貸方式で、被災者をはじめとする新規参入者を対象に供給することを提言したい。いわゆる「スケルトン渡し方式」である。できるだけ被災者に負担をかけないで住居づくりができるようにすること。そして被災地へのUターン・Iターンの移住者に活用しやすい手立てを容易にすることが重要だ。地域づくりには定着人口を増やす方法も講じなければならない。この考え方は、東日本地域ばかりでなく、地震国日本列島海岸沿いの地域全体が対象になる。強いては、世界に目を向けて、津波の被害が起き得る国にもこのコンセプトが有効活用されることを期待したい。このモデルは、ソフト産業としてのノウハウを他国にも売れる発展的可能性を秘めているので注目に値するものだ。

Ⅲ-3　人工地盤の効用と地盤沈下対策

地盤沈下地域における埋め立て方式は、あまり現実味がなく避けるべきだろう。その理由は、土砂の供給が簡単ではないからである。それに替わって「人工土地造成」方式を復興地域再開発の大前提として優先させることを提案したい。建物の基準レベルと主要道路（高置道路）は、過去に経験した津波高以上のレベルで設定し、安全第一領域を確保することである。人工地盤（人工土地）によって従来は一面しかなかった大地を立体的に処理すれば、土地を倍増することができる。「増し地」すなわち人工地盤上で目的に適った建物のスペースを区画して提供することである。住戸としては、個々の家族用空間を設けるいわゆる区分所有方式を採用する。高額な地価は、立体的に増し地（増床）することによって人工土地面積が増え、その結果価格を低減させる。個人はその人工土地の利用権を購入して自分の住宅スペースを確保する。個人が、高い土地（大地）を購入する必要がなく、増し地された人工土地を比較的安価で利用権を購入することができる。これは土地利用権（借地権に近い）の購入額を軽減する手法である。いわゆるスケルトン貸し方式で、一種のマンション購入方式と基本的に類似した考え方になる。これは分譲方式でも借家方式でも可能だ。

住宅のみならず、商業系でも事務系でも基本的には同等の扱いができる。人工土地は公共の財産として管理し、所有権は利用権に変えて取り扱う。再び来るだろう震災を考えると、津波被災地のような場所は、個人所有を許可しない制度によって活用することが重要だ。都市計画規制を緩和するにしても強化するにしても、私権に縛られたのでは、臨機応変に始末できない課題を残してしまう。将来を考えると、それは好ましくない。現在の土地権利者個人は、国によって震災直前の不動産取引価格を設定して、それを参考にし、その地価の査定を行い、一旦、個人から公的機関へ売却してもらう。それを等価交換（権利変換方式）で新しい人工土地に建つスペースを改めて、個人（従前権利者）が購入して利用権を設定する。完成後は、今回の復興条件を十分整理し、維持管理のための諸規制を設定した上で運用する。被災地の復興には、従来の用途地域制度に拘らないで、平面的概念から転じて立体的に構成する街づくり制度を組み立てることとする。

地盤沈下の現場

災害防止対策（防災システムの拡充）が、十分行われている地域に安心して居住できる環境づくりが急がれる。各被災地においては、実施が可能であるということを真剣に考えるべきである。その結果、十分な基礎調査によって新しい再建計画が立案できる。復興街づくりは、将来の夢や希望が描けるマスタープランの提示が重要なポイントになることを忘れてはならない。

次に地盤沈下対策について触れておきたい。仙台平野沿岸地域は、地盤沈下の被害が大きい。当該地はもともと海抜に近いレベルにあって、長年の月日を重ね、埋め立てて盛土した一種の人工土地であった。今後は大々的にコンクリートの人工地盤を築くことが先決である（次ページ図Ⅲ‐3‐1）。津波被災地のようなところは、未来へ向けて永続的な町づくりを指向することが必須である。襲来した津波に対する一定レベル以上の高さに人工地盤を設け、そこ

図Ⅲ－３－１　土地の有効活用と人工地盤

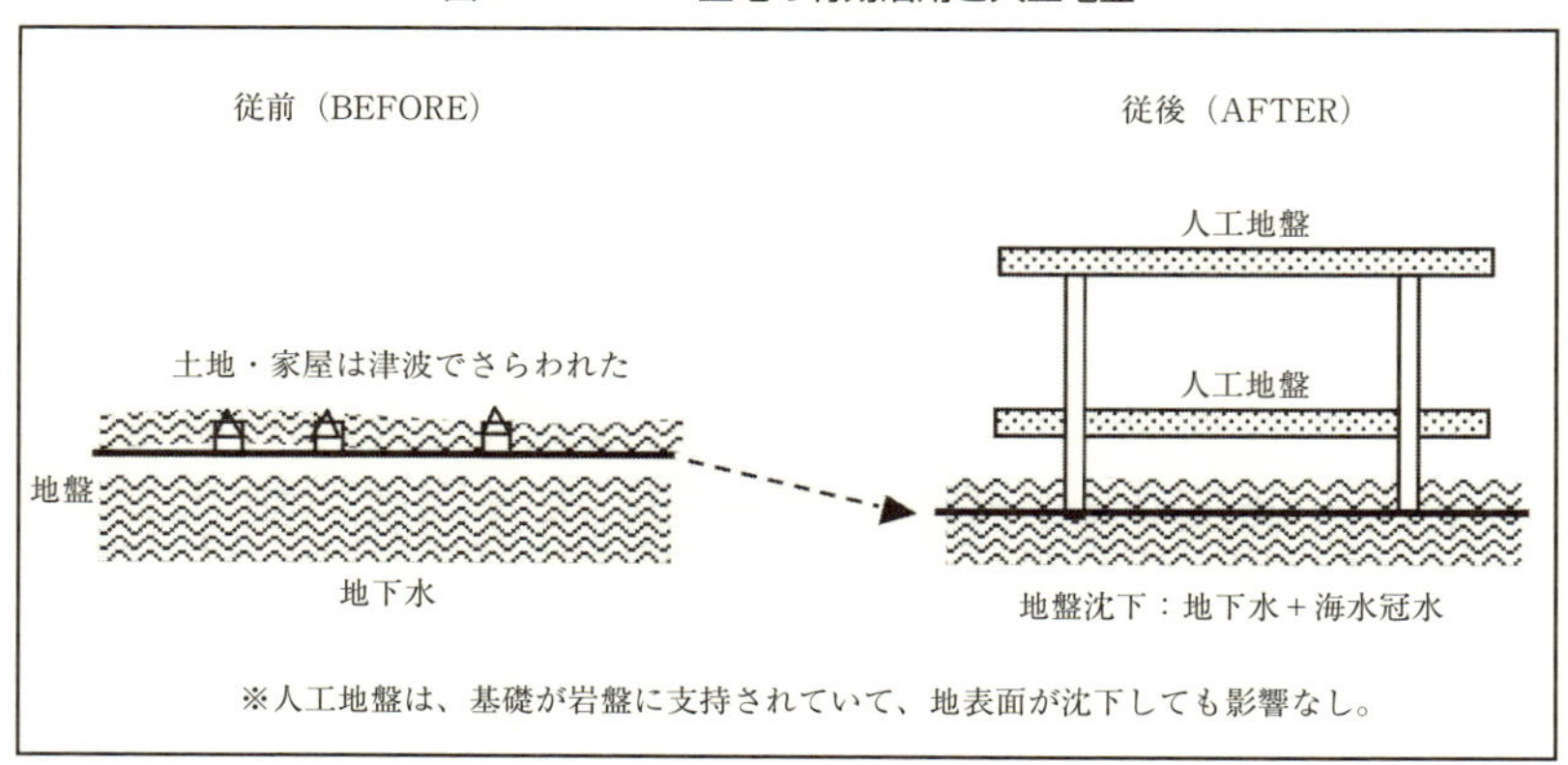

に定住する方法を常態化しなければならない。今回の震災を起点に従来の考え方を切り替え、発想転換するべきである。津波に逆らう考え方は、基本的に通用しな理由が明確になったのである。まずは「てんでんこ精神で」逃げることである。しかし、巨大津波の発生ごとに強度レベルが違うので、いくら対峙しても無理であり、また、その予測は困難である。したがって、今までのやり方では、その対策として万全なものにはならない。ということを十分に認識しなければならない。ミレニアム（１０００年ごと）の津波に常時対処することは不可能といっていいだろう。仮に５００年から６００年に一度であろうとも、地震津波は必ずやってくる。今のうち居住方法を根本的に改めるべきである。そして安全で安心できる住まいを構築しなければならない。

　既成市街地の場合、防潮堤は不必要だとはいえない。必要最小限規模のものはそれなりに役立つ。しかし、数千億円かけても無用の長物と化して、人命を救いきれないのであれば、市街地の建物の立体化を急いで進めるほうに公費を投入するよう、考え方を転換させるべきであろう。それには、当該地において津波の影響がどのように働くかについて十分な調査をし、それに応える改善計画を立てることだ。併せて、費用対効果の原則に基づいて行うことである。

表Ⅲ－３－１　地盤沈下事例　（2011年４月14日／国土地理院）

県名	場所	沈下量（ｃｍ）	県名	場所	沈下量（ｃｍ）
岩手県	釜石市　太平町３丁目	66	宮城県	気仙沼市長磯鳥子沢	68
	大船渡市大船渡長字地ノ森	60		気仙沼市唐桑町中井	74
	大船渡市猪川町字富岡	73		気仙沼市笹が陣	65
	大船渡市盛町字中道下	72		南三陸町志津川字黒崎	60
	大船渡市赤崎町字鳥澤	76		南三陸町志津川字林	61
	陸前高田市小友町字西の坊	84		南三陸町志津川字深田	69
	――			石巻市渡波字神明	78
	――			石巻市渡波字貉坂山	67

インフラは維持管理費に関しても同時に考慮しておく必要がある。海抜２～５ｍ程度が多くの街の標高である。その昔はおそらく海だったのだろう。昔に帰れば海に船が浮かんでいるようなところだったから、そこにコンプレックスビル（複合ビル）といった舟を浮かべることは必然だ。舟は大海に浮かぶ街と考えられる。船長といった最高責任者の指令の下で航海が順調に進むことになる。同様に複合ビルは、最高責任者（管理者）の下で運営する。ただし、各業種、各業態でそれぞれの責任者をおいて組織的な運営を行う。そして、被災地の中で、複合ビルを建てて日々の生活を営む。

地盤沈下は被災地域の各場所によってその度合いは異なる。今回の震災で発生した地盤沈下は牡鹿半島の1・2ｍが最大であった。その他の地区で沈下量が60ｃｍ以上のところは表Ⅲ‐３‐１のとおりである。なかでも岩手県陸前高田市の一部で84ｃｍ、大船渡市の一部で70ｃｍ台が目立つ。また、宮城県気仙沼市の一部で74ｃｍ、石巻市の一部で78ｃｍとなっている。その他多かれ少なかれ各地で影響がでていることは否めない。なお、このデータは国土地理院「平成23年東北地方太平洋沖地震に伴う地盤沈下調査結果について」（２０１１年４月14日）を参考にした。

地盤沈下は街の宅地確保に大きく影響する。被災地の復旧活動を促進させるには、地盤レベルをどの位置に設定するかが課題となるだろう。そのために震災後の地盤レベルをしっかり測定し、現状の地盤条件を把握することである。

宅地には一戸建てや集合住宅など様々ある。宅地を選ぶときの注意事項としては、地形とか地質などの視点から分類し整理すると左記のようになる（参考：土木学会関西支部編『地盤の科学』講談社ブルーバックス1995年）。

①**沖積平野**（河口近辺の広大な低い平地、水田湿地などに土を盛ってかさ上げし宅地化した地区）：地下水が高く、液状化の可能性も高く、洪水の危険性ある地区

②**扇状地**（河川が山地から平地に出た場所に形成される勾配のある扇形に広がった砂や砂礫が中心の地盤）：洪水危険性、土石流の可能性ある地区

③**丘陵地・洪積台地**（第四世紀の洪積台地が中心で砂層や粘土層の互層になている地盤）：湧水が多く、斜面の上と下の地区で起る地すべりに注意

④**内陸の人工造成地盤**（高い場所をカットして、その土砂を谷部分の埋め立てに使った地盤）：盛土、切土の境界部分や盛土の厚さが急変している所、斜面の上と下の地区

⑤**海上の埋め立造成地盤**（廃棄物を海上に埋め立て、その上に内陸部で発生した土砂を盛った地盤）：沈下の大きい所、不同沈下の可能性ある所、液状化の可能性ある地区

今回の震災で災害地域の地盤は沈下したところが少なくない。海岸に近い地区では毎日海水で水浸しになるところがある。次に宅地開発で注意しなければならない基本的な要件を示しておこう。

図Ⅲ－３－２　宅地造成と建物

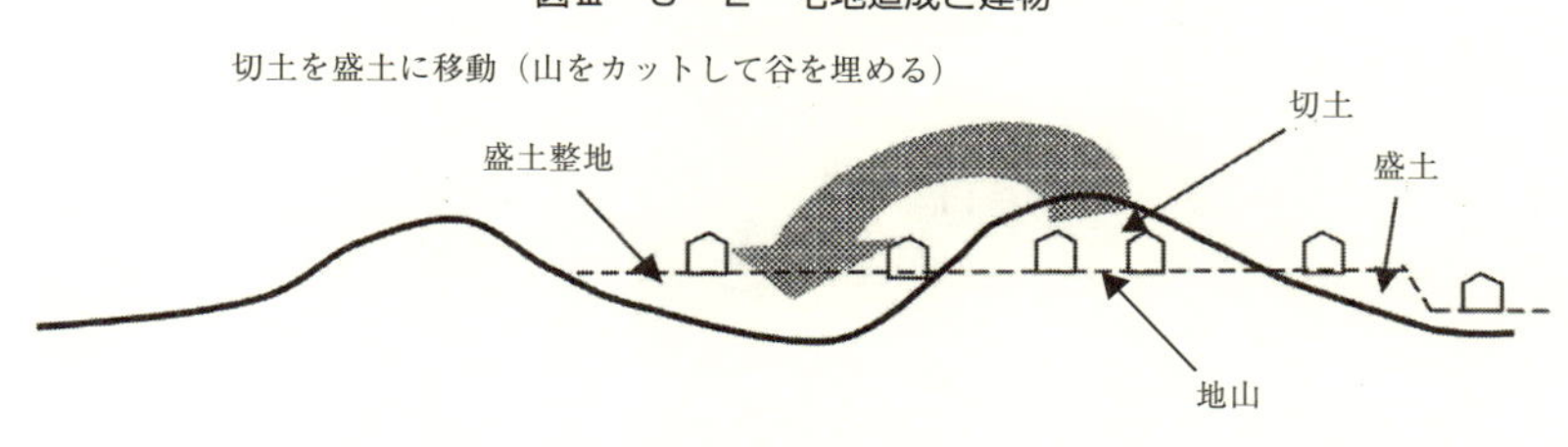

山をカットした地区は、宅地の地盤を地山といって比較的安定した地盤となるが、盛土した地区は地盤の圧蜜が不足して不安定な状態となる。そのため安定するまでに年数がかかってしまう。盛土の自重によって自然沈下させるからである。圧蜜度が不十分な地区で地盤が落ち着かないうちに建築する場合は、杭を打って建物の不同沈下を防ぐ方法がある。しかし、一般の戸建住宅程度の建築では、コスト高となるので敬遠される。（図Ⅲ - ３ - ２）

また、盛土地区で擁壁を設けて宅地を造成した部分に地滑りを引き起こす可能性があり、今回の震災では、そのような例が少なくなかった。いずれにしても山をカットして谷を埋める宅地開発は、山の樹木などの伐採が原因して雨水の保水能力が減り、下方地区に洪水の災害をもたらす原因にもなるので、十分注意を配らなくてはならない。地滑り、崖崩れ、落石、土石流、泥流などは、台風時の降水量が原因とか、地震によって引き起こす可能性が高いので、地形は従来の形を維持することが、エコロジカルな面からも最も安全な方法だといえよう。低い平地の環境を守って、自然と調和した土地利用が重要である。環境破壊による負の遺産が子孫に課せられないよう配慮したい。したがって、震災地域の高台の宅地開発は、将来の危険性や不都合のないよう十分な配慮を必要とするので、本論では基本的に高台移転を避ける立場をとっている。

Ⅲ‐4　街づくりには共同溝の設置を

インフラストラクチャー（道路・鉄道、上下水道、電気、電話、ガス等）の導入に伴って高置道路内には共同溝の設置を徹底して行う。それは電柱のない景観で美しい街づくり、そして道路掘削年中行事の解消を促す。配管・配線類は高置道路内共同溝に組み込むこととする。新しい街づくりの条件は、景観の保全を当初から計画的に取り入れ、地上に見える電柱・電線を外すことである。街の景観を美しくし、繰り返しの道路掘削を回避する。あるいは年間恒例予算消化事業の防止など、無駄撲滅策を打ち立て、美観の保持に努め、震災の影響も少なく復旧作業を早めることが復興事業の重要なポイントになる。年度末工事は悪慣習であり単年度予算方式の無駄な消費システムは廃止しなければならない。今後は改修しやすく、修理が容易で安くできる方式を採用することで、イニシャルコストは必要だが、ランニングコストを安くする。メンテナンス経費も軽減できる。減災の基本的手段としての活用度は高い。都市づくりにおける事前対策によって設置方針を固め、共同溝の上部を緑化すれば、メイン・ロードを全面的にグリーンベルト化することも可能だ。

図Ⅴ‐7‐1（142ページ）のように架構体によって処理すれば、各種埋設管はコンクリートの共同溝に納まる。インフラの更新には道路掘削がなく、津波にも安全な状態で維持管理できる。工事費は安上がりで、作業時間が短縮でき、メンテナンスも容易に行うことができる。被災地の地中埋設工事は、復旧に膨大な費用と時間がかかるので、将来的には、高置道路に共同溝を設ける方法を採用したい。

従来の地中埋設方式は、腐食が原因で部材の耐用年数を短くしている。老朽化によって水道、ガス管を破裂さ

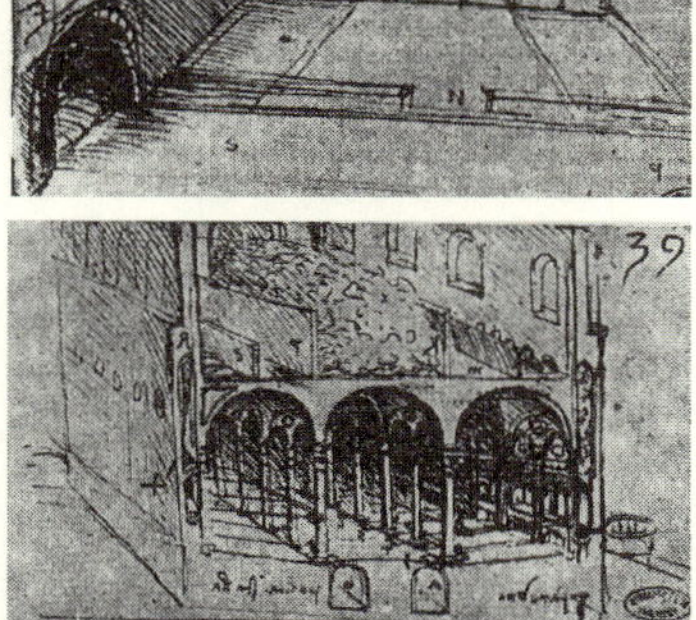

図Ⅲ－４－１ L・ダ・ヴィンチの建築図
パリ国立研究所・蔵

せる危険性もある。ヨーロッパの旧来の都市では、歩道下に地下2～3階程度の十分なコンクリート製共同溝が用意されている。日本の場合は、未だに地中埋設方式が主流で共同溝の併設が進まず、旧態依然としているため、建築のみならず道路、橋梁のメンテナンス用管理費の負担は少なくない。イタリアのミラノでは、１４８４～5年にペストが流行った。レオナルド・ダ・ヴィンチは、衛生面を改善する清潔で合理的な街づくりを描き、インフラと建築を立体的に処理している（図Ⅲ-４-１）。近代的な都市を予見した先進的な構想だった。そこで人間的スケールを基本に都市の全体像を示していた。つまり、石造りの構造体と時間・空間・文化・経済の変化に柔軟的に対応できる都市を既にイメージしていた。断面的には、地上をサービス運搬用とし、上層の2階以上を市民が活用する住居スペースとしたのである。建築物の寸法割りについては、人間の一腕（1ブラッチャ：60ｃｍ）を原単位としてその倍数で割り付けていた。

Ⅲ-5　津波避難所不要の立体的な街づくり

木造戸建住宅は、津波によって膨大なガレキを生み、何よりも大切な人命を失ってしまった。そこで明確にいえることは、津波常襲地域における戸建住宅の再建はすべきでないということである。高齢者の中には、立体化されたマンション形式の住まいは馴染まないという意見がある。しかし、津波の恐ろしさを思い出して欲しい。被災地には戸建住宅を絶対造ってはならない、ということをこの際自覚してもらわねばならない。個人の考えだけで震災復興は成し遂げられない。将来においても今までのような地域の伝統的な職業によって生活するためには、従前住んでいたところに近い場所で生活再建できることが最善といえよう。

図Ⅲ－５－１　AとBの概念図

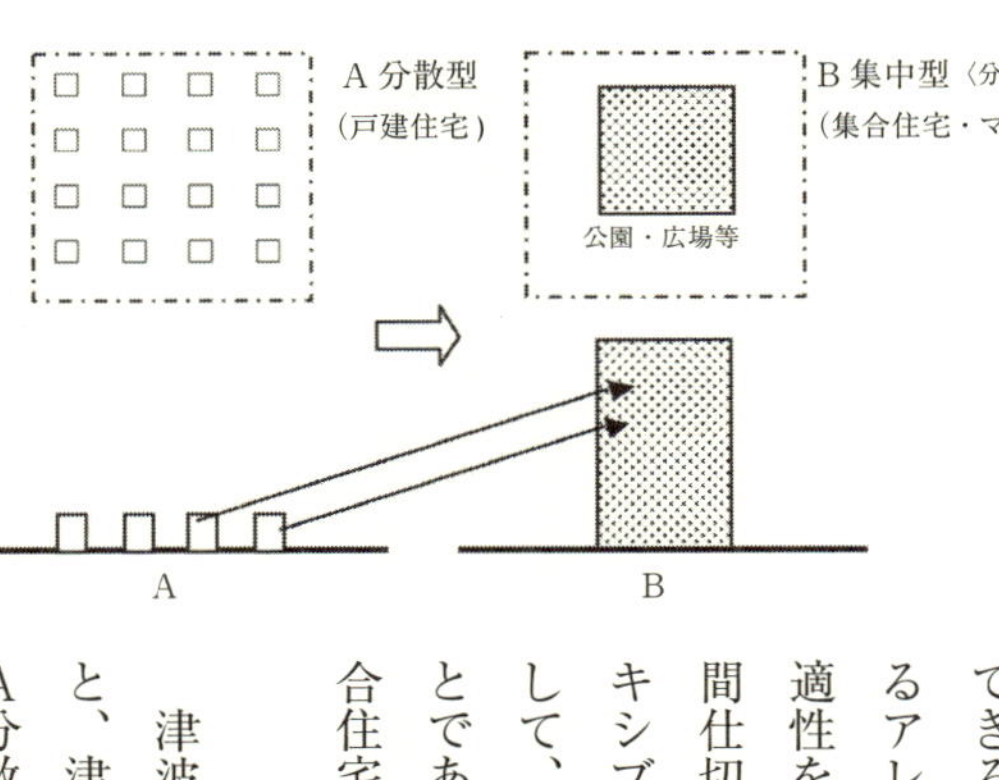

そのためには、居住様式を根本的に見直し、固定観念から脱却し、安全で安心できる条件を大前提としなければならない。したがって、集合住宅形式に対するアレルギーを解消する住宅様式を提案したい。個々の住宅は、くつろぎや快適性を求めるため、内部は自然素材を使ったデザインにする。そして、住戸の間仕切りは、可能な限り入居者ニーズに対応できるシステムを取り入れ、フレキシブルな形式を採用することである。住まい手の選択を可能とすること、そして、何世代にもわたって通用する造作を建築づくりの条件として設定することである。ちなみに、震災後の被災者（高齢者）からヒヤリングした結果、「集合住宅にあまり違和感がない」という声があったので参考にしたい。

津波被災地で一定ゾーンの中の建築のあり方を図Ⅲ‐５‐１のように考えると、津波対策ビル（立体化ビル）の姿が必然的に浮上してくる。

A分散型：津波に弱い（簡単に壊れてガレキと化す。耐火性能と耐震性能に不利）

B集中型：津波に強い（避難ビルとして人命を救う。耐火性能と耐震性能に優

れている）

Ａに示すように戸建住宅が破壊した場合、元の土地に復旧させると、将来再び津波がきたとき再度被災してしまう危険性があり問題は大きい。当面はよくとも津波が再来した段階で再び悲劇を引き起こす。それは個人ばかりでなく、公共の資金を投入する負担の大きい問題が発生するということだ。何よりも、人々の命を失い、ガレキを発生させるなど、膨大な損害が再び生じることは明らかだ。その反省に立てば、決して同じ轍を踏むことをしてはならない。したがって、これからは「戸建住宅」方式から「集合住宅」方式へと、発想の転換を図ることが、命を救い、経済的負担と精神的苦痛を軽減する最も有効な手段として要求されるだろう。戸建の権利者は等価交換方式で入居可能とする。漁業者には、居住地が漁港（職場）に近いことも必要条件となる。住民が住宅の購入には、公的資金を導入して価格が低廉で居住性のよいものを提供しなければならない。農業者、漁業者とその関連事業者などの職場復帰にも同様のことがいえる。

また、資金が国費（税金）で賄われることを考慮して、その投資の仕方には、国民の視点から公平性を重んじた被災者救援の方策を見出す必要がある。個人には、可能な限り負担が少ない方法を工夫すること。それには次のような要件を満たすことが考えられる。また、国費ばかりでなく、事業開発には民間ディベロッパーの参画によるＰＦＩ方式などがある。

①土地・家屋の権利を従前の評価で国が買い上げる。その価格を資金にしてコンセプトＢ型（図Ⅲ－５－１－Ｂ）の建物に入居。不足分は新しくローンを組み、余裕があれば自己資金で賄う。

②評価額相当の新築した床を住居として買う。過去の返済の金利は免除する。返済残分の二重ローンの負担は法的手続きによって回避。震災前の住宅以外の借金などは個人負担にて返済する。

③借家人は従前どおりの契約で更新し、被災による一部差額の負担等については国が補助する。
④借地人は通常の権利額相当（評価の70％程度）を清算し、それを資金にして賃貸契約する。生計可能な負担範囲で実施。地主は当該地を国に売却する。
⑤前記のいずれにしても重要な点は、職場に復帰できるような補助を早く行なうことである。職場復帰が最も重要で喫緊の課題となる。労賃収入を得て平常な生活に復帰できるよう早急な実施を促す。そして税金の免除（無税償却）を可能とすること（金融庁ガイドラインの個人版を参考）。

第二次大戦終結後、日本では都市計画法において防災上必要な耐火建築を目指して地域指定し、規制してきた。その結果、鉄筋コンクリート造などの硬い建物が続々と増えたのである。延焼の恐れのあるところは、外壁に難燃性能の高いものを指定し採用している。他にも多種多様な課題があるだろうが、それは地域の特性を踏まえて実施段階で対処することになる。

ビルの中から外部へ津波避難移動しなくとも済むような住まい方を前提とする。避難所（避難タワーなど）をあえて別に設けなくとも、緊急時利用も可能で、ビル全体の利用者が協力し合って津波に対処でき、緊急時の協力体制が即座に整う。ここで一つの構想案を提案したい。高置道路レベルにはコンビニや薬局、役所支所などを配置。高層式で20～40階建て。３階ごとに大架構を設け、その間に各階のユニット（サブ架構体）をセットして完結させる（図Ⅳ‐７‐２参照）。中間層には共用スペースを設け、それを行政が管理。防災備蓄倉庫を設置し、井戸端会議用サロンを設け、自販機や地震時管制装置付きエレベーターを完備すれば、建物が孤立しても救援隊がくるまで一時的待機で耐えられる。地震時には原則「現在いるところに留まる」ことを実行し、津波に対し冷静に判断できる建築空間を日頃から用意する、といったコンセプトが本来の主旨である。あわてて無駄に移動すれば帰宅難民となる可能性もある。また、移動が混乱をきたす場合もある。学校に留まっていたら命が助かった、という事例もある。３・11では東京の現象でも明らかなように大混乱が起った。本格的な地震時にはもっと大変なパニック状態になることは想像に難くない。

階数の高い低いは何を基準にしているか。心理的、生理的な面からの調査・分析があるが、それらは絶対的なものではない。また、人によって感覚的な差異があり、一概に偏った話しばかりに目を向けてはならない。そして、問題があれば、それを解決する手立てを講じながら、空間づくりを可能とすることである。

❖津波からの避難計画を立てることは至難の業である。その解決策は思うように見つからないのが現実だ。既成概念で考えていたのでは確かにうまい解決策は生まれないだろう。問題の解決には、白紙から模索することが最も良い案を創出する可能性を高めるだろう。

今回の震災では、寝たきりの高齢者医療施設で何人もの患者を失った。それは避難中の出来事だった。避難移送の途中で時間がかかり、その間における水分補給不足などの手当てが行き届かなかったことが原因したようだ。そんな時、どうすれば救うことができたか、大変悩ましいことである。いかに速く病院から避難させるかが問題で、その方法をあれこれ探っても十分な方策が見つからない。それはあまりにも固定観念にとらわれているからである。それを解決する方法をここで見つけたい。固定観念とは、避難時に「ヨコ」に逃げることを意味している。これは落とし穴に等しい。それに対し、災害時に自力で移動できない人たちは、常に高層ビルの上層階に居住するという考え方がある。その場合、当該地の過去の津波の実績を把握して、それより安全な避難レベルに居住させることが基本的な条件となる。そうすれば、災害時にあわてて避難行動をとらなくて済む。避難させるために、人手間をかけなくとも、あるいはパニック状態に陥ることなく移動できる。一度、災難に遭えば、その後のメンタルケアをはじめ、多くの問題が発生し、その後遺症治療に多くの時間と手間がかかる。したがって、被災時の救命優先順位についての発想転換が必要だ。その解決方法は、「**水平行動**」から「**垂直行動**」への考え方の転換である。本論では、人命救助のための最も有効かつ基本的な手段として垂直移動方式を採用している。これは今後の復興活動において優先的に採用してほしい復興コンセプトである。

自分の脚で逃げる原始的な行動が実際の避難に有効である。機械的手段は、避けることを念頭におきたい。エレベーターやエスカレーターは、震災時の停電を考慮して基本的に利用を避けるべきであろう。もし当該ビルに自家発電装置があれば、昇降用の機械装置によって効力を発揮することができる。しかし、津波を対象にした場合は、とにかく自力歩行で移動するほうがはるかに有効である。また、自動車での移動は、途中の渋滞を考えれば避けることが望ましい。

再来する津波災害の話題が不必要な街づくりを早く構築したい。人命第一で、経済・行政・医療・教育・生産などの各種業務に支障がない社会環境を形成するためには、津波被災が二度と起らない建築施設が不可欠である。

それを実現させるには、復興の絶対的条件を設定しなければならない。災害というマイナス面に税金を使うことは、あまり賢明ではない。顕在する既成市街地での避難方法については、避難タワー（上掲の写真参照）の設置などやむを得ない面がある。しかし、東日本大震災のような、ほとんど街が無くなってしまった地域では、真新しい街づくりによって、防災策に十分考慮した回復をしなければ、再び来るだろう津波に対する防御にはならない。悲劇は二度と繰り返してはならない。あらゆる負担を軽減させる対策が講じられなければ、死者に対する弔いにもならない。減災対策によるマイナス面を抑え

図Ⅲ－５－２　避難方法コンセプトＡ～Ｂの概念

命を救うためのよりよい方法を選ぶ。思考の転換が必要。短時間で安全なところへ。身体障害者（高齢者）は、介添えの力を借りて勾配のゆるい階段で移動。階段は１段あたり１秒～２秒あれば昇れる。階高３～4.5 mの場合、20～30段で納まるから１階あたり所要20～30秒（倍としても40～60秒）で昇れる。つまり、５階へ避難する場合、100～150秒（その倍でも３～５分）ということになる。したがって、避難時は水平移動から垂直移動へと行動思考を切り替える必要がある。

コンセプトＡ：**水平**（ヨコ）に逃げるな！　　コンセプトＢ：**垂直**（タテ）に逃げよ！

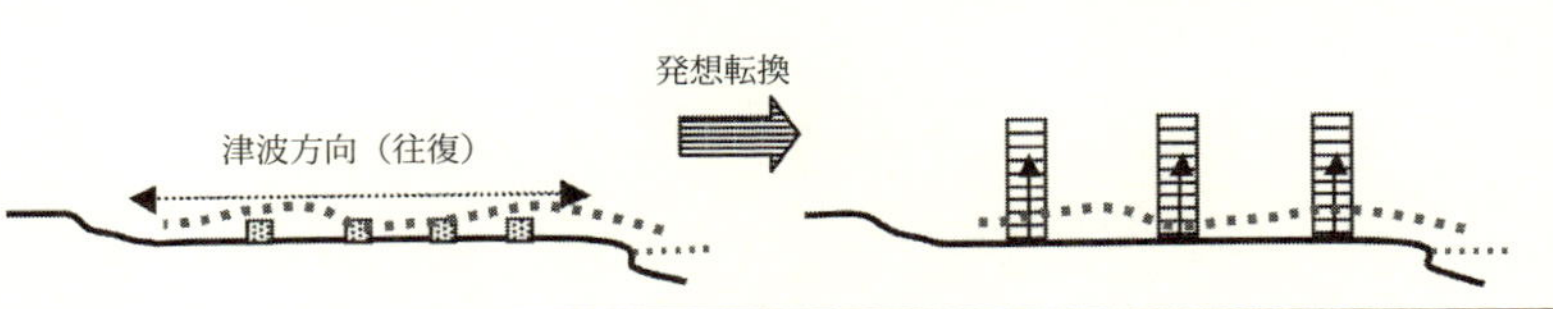

た復興計画が必要だ。

そのためには人間の住居としての基盤を築くことが先決だ。それにはしっかりした長持ちする人工土地（人工地盤）を築造することである。これは日本列島何処へいってもその共通認識が必要。津波被災地は木造家屋の建設を禁止しなくてはならない。高層建築が人命を救う唯一の手段であることを住民に理解してほしい。津波被災地の生活スタイルとしてそのコンセプトを当然と考え、常識として念頭に据えることである。個々の住戸の居住環境はいかようにでも造作することは可能だ。もちろん何事にも限界があるが、それは生活の工夫によって改善できるだろう。

東日本大震災で最も脅威だったのは、地震による振動破壊よりも想定外の大津波だった。これらの地域は、歴史的にみて、津波で多くの人命を失ってきたことは、記録が物語っている。しかし、津波の大きさや速度は、過去の経験だけでは計り知れない場合がある、という認識が不足していたことは否めない。その意味で油断があったかもしれない。実際、人間の行動心理は複雑で、簡単に解決などを見いだすことは難しい。したがって、被災地の再建には、可能な限り単純な方法で行動できる津波対策を講じることが肝要と考える。以上の考えを理解するために図Ⅲ - 5 - 2を提示しておこう。

地域コミュニティー形成が可能な街づくりを構築することが重要。とにか

図Ⅲ－５－３　人命本位の街づくり概念（街づくり断面構成）

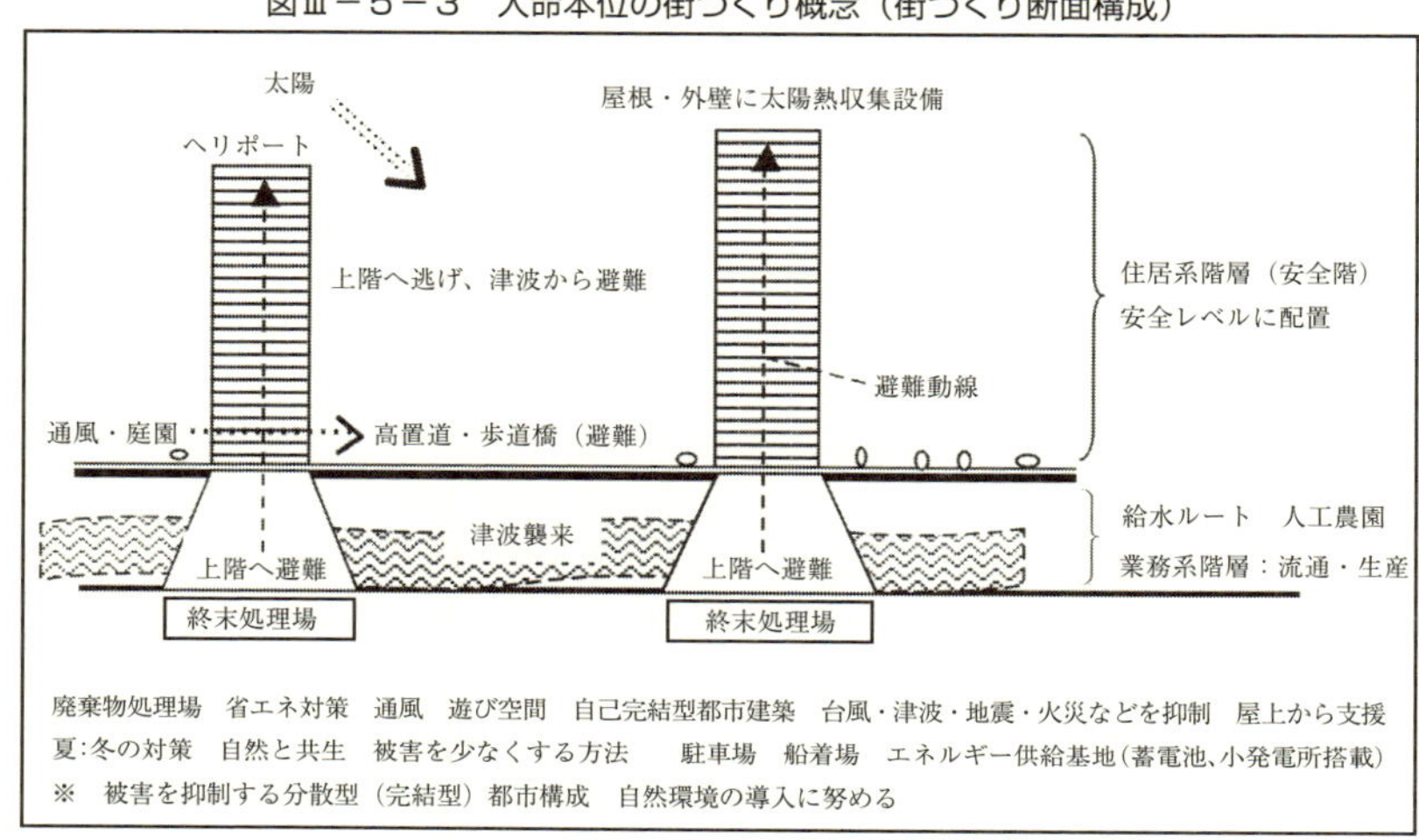

く「歩行」動作で避難することを重視した街づくりと建築づくりが、最善の策であることを強調しておきたい。既存の「避難タワー」と称する建造物が全国にいくつか存在するが、あれは単なる記念碑的な形式にしか過ぎず、本格的避難施設とはならない。建設費が一基数千万円かかり、今後続々と建造する傾向にある。これは実質的に見て避難ビルの代案にはならない。しかし、海浜の既存市街地における暫定的手段としては有効である。

　本書で提唱する避難ビルは、複合的な施設内容を包含するもので、避難ビルそのものが住居であり、医療、福祉、文化、教育、行政、商業、金融、遊業、供給処理サービスなどの各種業務が執り行えるミニ都市として運営する複合ビル形式を指すものである。避難ビル自体が記念碑にもなる形式のものをイメージすることができる。巨大津波に負けない安全な人工地盤形式の街がそこに出現する。いわゆるコンパクトシティの実現によって密度の濃い街づくりを構築することが可能となる。集合住宅化を中心に据え、地域のコミュニティーを形成すれば、災害時の公助・共助もしやすくなるだろう。結果的に自助に繋がってくる。目前にある少子高齢化社会にとっても維持管理上の効果を上げることができる。

被災地復興には新しい発想（思想）に基づく都市計画が必要である。その概要は次のとおりである。先ずは従前の地域産業の振興策と環境整備を重視することである。その内容を挙げれば、住居をはじめ、農業・漁業・観光・流通・医療・生産・行政・文化・体育・福祉・教育・各種インフラ整備、そして故郷再生を目指し、人口計画に見合ったバランスよい規模と調和のとれた配置設定を行う複合都市を形成することである。労働の場を先行復活させ、震災前の住人に帰省してもらう受け入れ態勢を整えるのが復興の基本的条件となる。

❖住居と病院を複合した例があるので参考にしたい。福岡市中央区で桜十字が運営する「友愛病院」（仮称）である。地上13階、ベッド数299床を備え、高層部に高齢者用賃貸住宅100室が設置され、屋上庭園もある。都市住宅機構が進めた、渡辺通駅北地区土地区画整備事業内に立地している。東北の災害が「想定外」だったとは今更いえないだろう。安全な建物の中で人々を護ることが前提だ。津波常襲地域の建物として安全を第一に考えると、図Ⅲ-5-3に示したとおりになる。低層には商業、業務施設等を設け、高置道路のレベルを1階と命名して、基準階のレベルを明確にし、住居階が避難階に位置していることを意味づけることが重要だ。ちなみに、イタリアの建物は、昔から、階数の名称は日本の場合の1階を地上階（テッラピアノ）と呼び、2階に当る階を1階（プリモピアノ）と命名し、住居階としている。

◆上階への避難は最も安全で容易な行動

地上階から5階までに要する避難時間を概算してみると、次のようになる。

階高4・5m÷0・15m（蹴上高）＝30段（1階あたりの階段数）と仮定。実験によると1段当たりの移動時間は、1～2秒（高齢者・幼児／途中休みながら逃げることを想定）である。

5階×4・5m（各階の高さ）＝22・5m（1階当たり30段×5階＝150段）となり、地上から5階までの所要時間は、150秒（2・5分：健常者の場合）～300秒（5分：身体不自由者の場合）でおさまる。

ここで提案する構造物は、政府や自治体が提唱する単なる「津波避難ビル」の考え方とは異なるので注目してほしい。居住している建物の階段を昇って避難することをコンセプトとする本提案からヒントを得て、これを「階上都市」と名づけた。高台へ避難する場合も、屋外に存在する斜路や階段を利用して避難している。本提案では、建物の中に設置してある階段を利用して、いち早く上層階へ避難できるので最も有利な方法であり、これを多くの人命を救う最善の策と考えたい。高層ビルアレルギーの人には、高台地域に住まうのも選択肢に含み、いずれを選ぶかは個人の自由だ。しかし、被災地復興のためには、この階上都市システムを超えるものはないと確信している。高層建築の高所恐怖症など心理的観点から批判する声があるが、現在の高層建築は、さまざまな工夫によってそれを解消する手法が講じられていて、安全性、快適性に優れている。地域の定着人口密度を低く抑えれば一定面積の街において建物を総体的に低くし、高層でない方法も可能だ。ただし、あくまでも住居階は津波高を超えるレベルを最低基準とし、それを確保することが条件となる。今後はなんとしても津波に負けない生活を営むため、安全第一として考えれば高層化が望ましいことは明らかである。階数の設定は、各被災地の立地条件によって決めることになる。建物は堅固なスーパー架構体で構成し、内部空間は個々の使用者（入居者）が自己責任において内装を整備する建築システムを採用することが望ましい。

❖次に一街区の建築モデル案（次ページ図Ⅲ‐5‐4の展開案）を提示しよう。本案は、仮定条件によって抽象的な形に止めている。一種の概念図として参考にしてほしい。現実には、当該地域の平・断面的な地形条件を把握して具体化される。ここでは、津波対策を最重要課題として考察することとする。

図Ⅲ－５－４　４本のコアで構成するスーパー架構体の平面イメージ

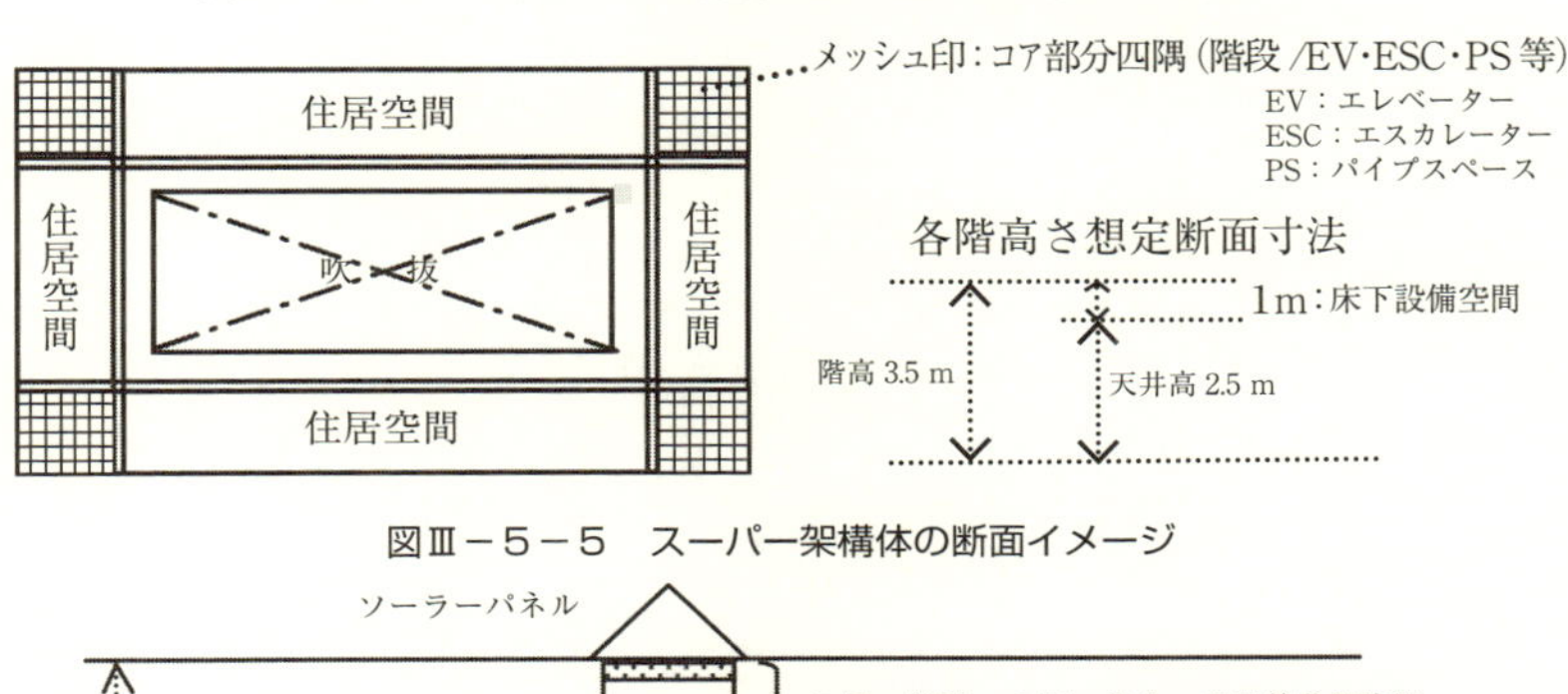

図Ⅲ－５－５　スーパー架構体の断面イメージ

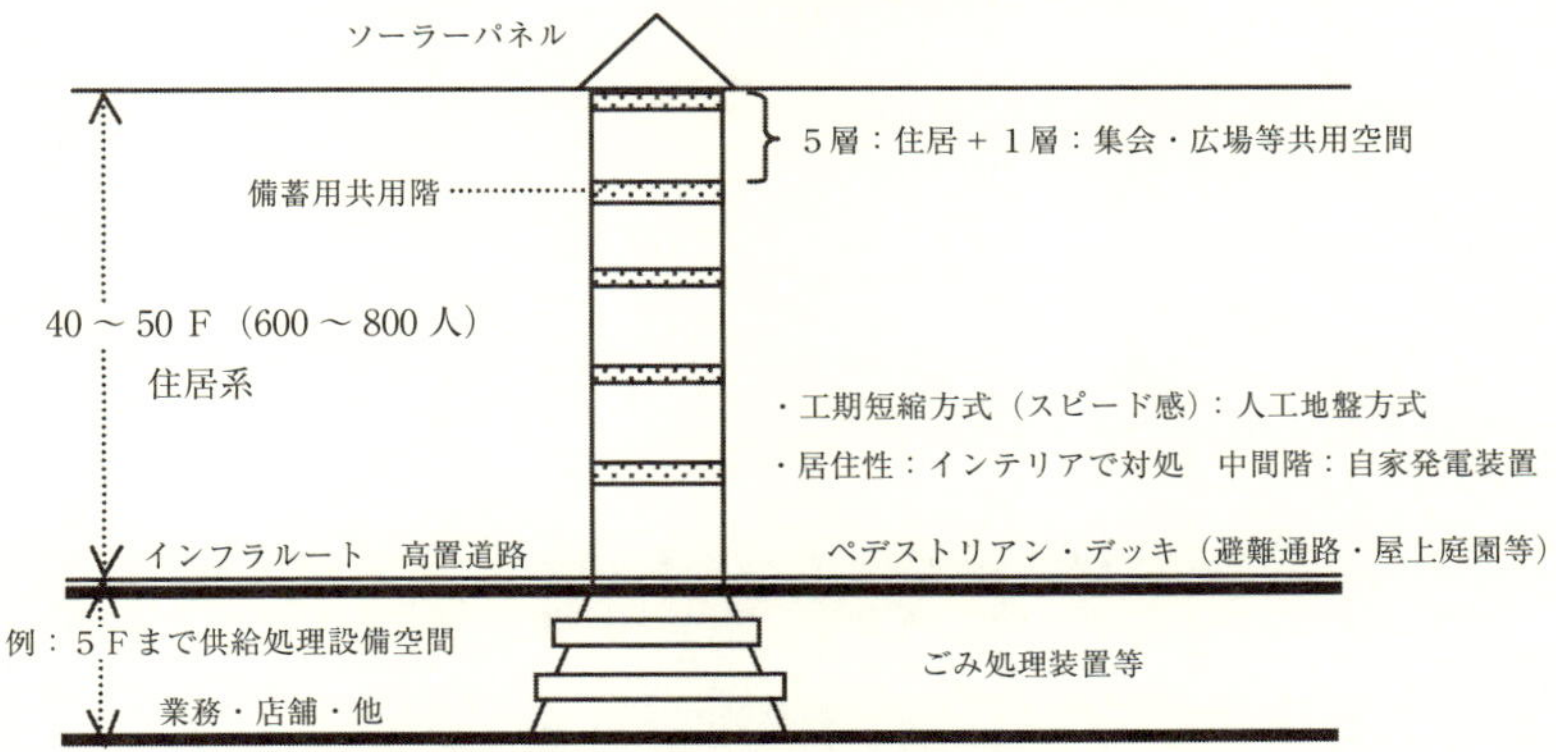

まず、一街区の平面単位（約１２０ｍ×６０ｍ）を「エコ・スーパーユニット」と命名し、街の最小区画単位としての「一棟完結型ミニ・コンパクトシティ」を構成するものである。その内容の概略を図中に示す。街のマスタープランが決まったら、このユニットを計画的に順次建設していく。骨組みは、基準寸法によって構成し、工事に当っては大量生産方式の原理を導入する。この単位をいわゆる「近隣住区」として計画する。

ミニ・コンパクトシティ（エコ・スーパーユニット）は５００戸を有し、人口１５００～２０００人単位／１棟当りで構成する。高齢者用デイサービス、福祉フロア、食事サービス、入浴、アスレチック、集会サロン、ゲームコーナー、図書室、絵画・工作教室、音楽教室、陶芸教室、工芸室など、三世代交流の場、幼稚園、保育所、高齢者活躍の

図Ⅲ－５－６　エコ・スーパーユニットＡ（ミニ・コンパクトシティ）
平面モデル例の概念

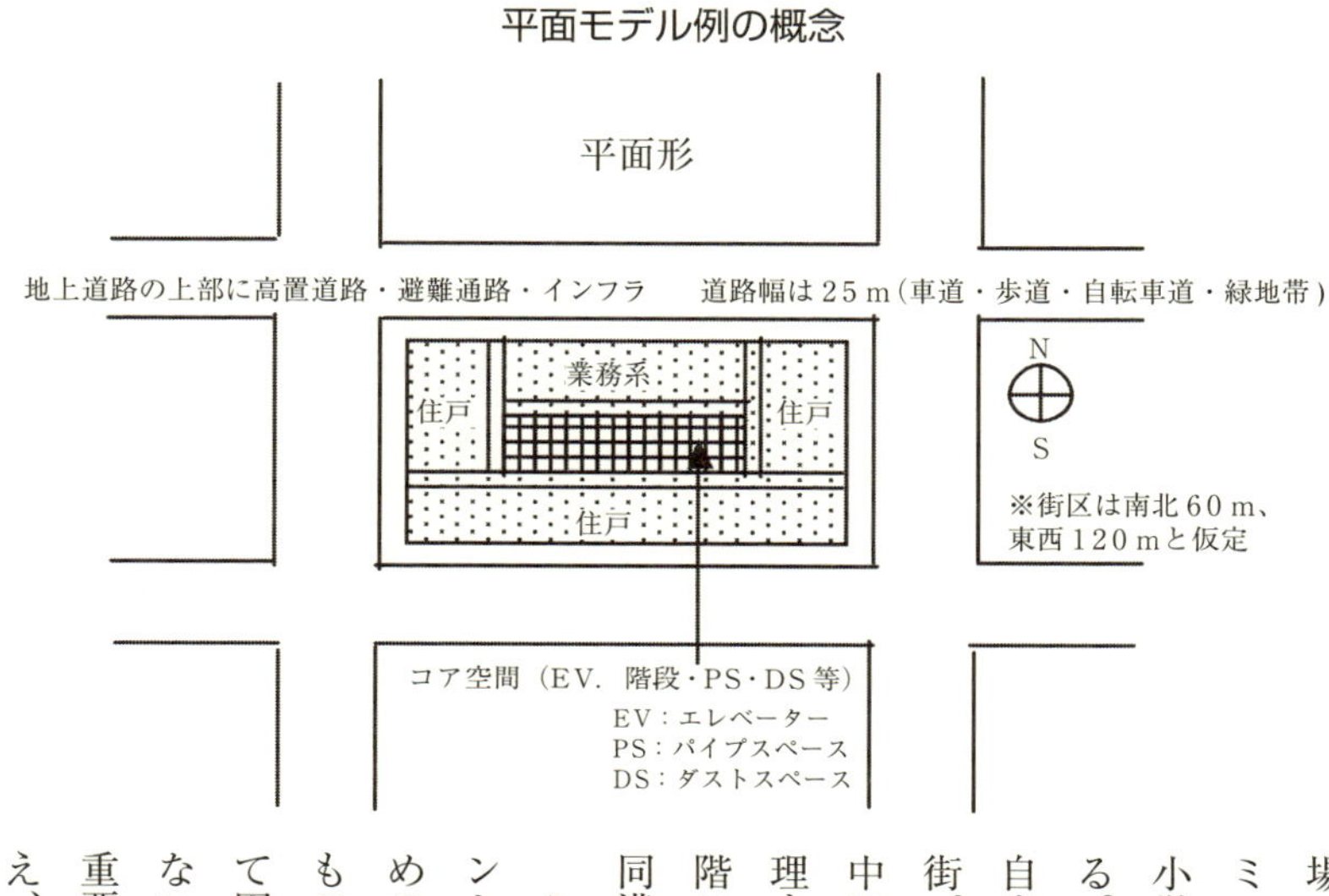

場（働くシルバー人材活用）、災害・治安施設などが内在するミニシティを形成させ相互が補完しあうシステムを構築する。小学校学区域を一単位とすることも少子化時代に併せて考慮する。交通手段は、大量輸送交通を主体に、デマンド・バス運行、自家用車所有規制（環境対策省エネ都市宣言）などの先進的な街づくりの工夫を凝らすことである。食料の備蓄は、各建物の中に所定の公共スペースを設け、そこに必要量をストックし管理する。また、津波から離れた位置の中間階に自家発電、下層階にごみ処理、地下層に汚水処理（浄化槽）、高置道路内の共同溝に上下水道・電気・通信などの配管設備装置を設置する。

ここでは一棟で完結した自給自足型開発のエコに配慮したコンセプトを提案したい。コンパクトなミニシティを実現するための建築空間を構成し、職住近接の生活に復帰することを望むものである。各戸の内装は自由設計。但し、水周りは原則として固定した位置とする。階高はゆとりをもって、配管に無理のない空間を各階の間に設ける。将来改修が容易にできることが重要。そのためにはピット方式を採用して、配管の老朽化に備え、新旧の設備機器交換作業が容易にできるよう配慮する。長

図Ⅲ―５－７　エコ・スーパーユニットＡ
断面モデル例の概念

注）モデルは定着人口確保のため全35階と仮定したが、実際は立地場所の要求に応じて調整

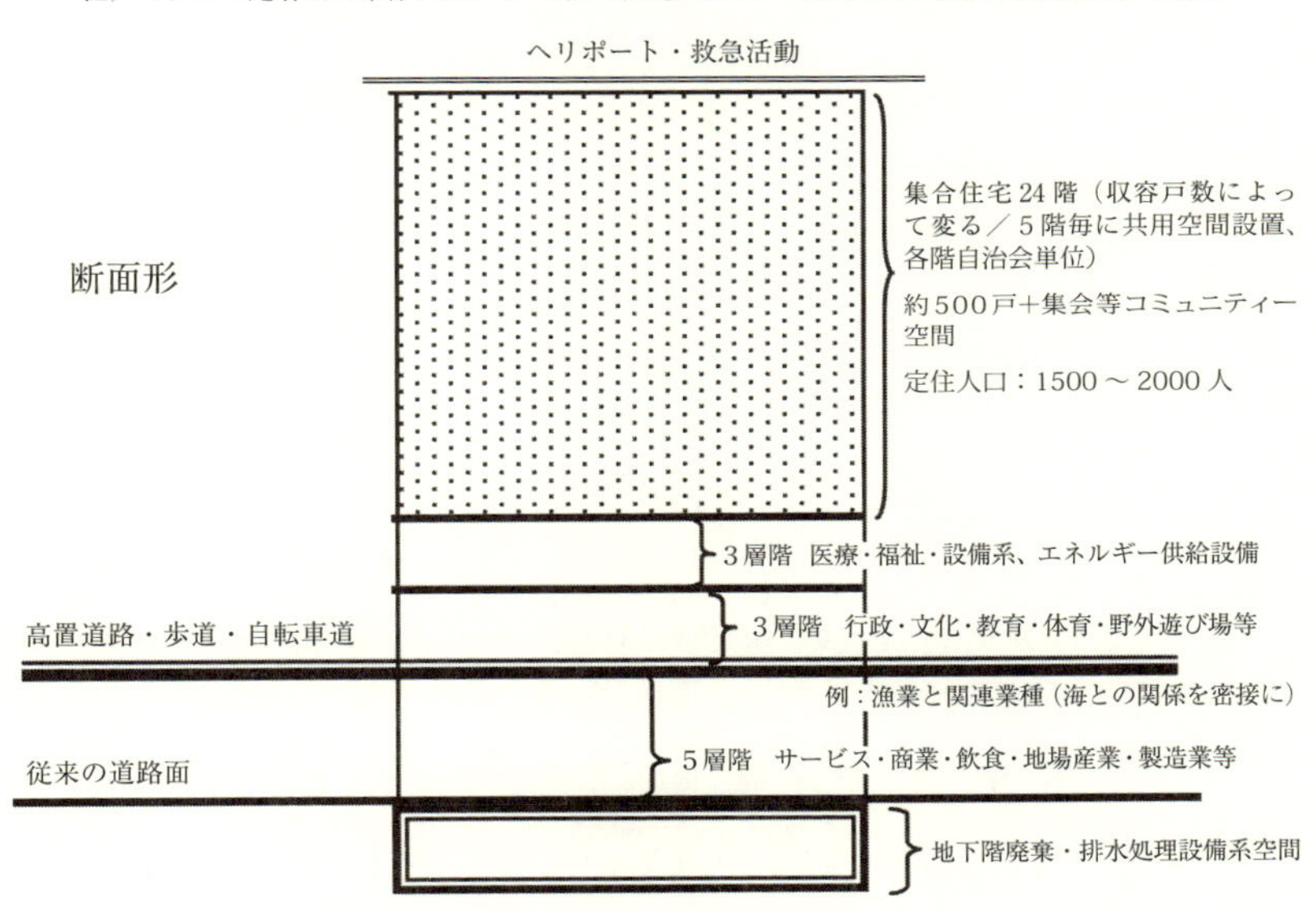

寿建築の典型をつくり、段階を経た発展を目指して将来（３～10年後）に結実させる。

階上都市の中の復興ビルは、スーパーストラクチャー（巨大構造）＋メインストラクチャー（基盤構造＝長期性能）＋サブストラクチャー（建築空間＝短期性能）の三つのストラクチャーで構成する。

メインストラクチャーは長寿命サイクルを可能とすることが要求される。そして、都市と建築が一体化した空間を形成する。ここで建築とシビルエンジニア（土木）のコラボレーションによって津波に強い階上都市が生まれる。低層部の階数は地域の特性に応じて施設内容が変化する。津波高10から20ｍを想定した計画が一般解となるだろう。山、川、海、空（太陽）の連関性を密にし、それらをバランスよく機能させて、エコロジカルな街づくりを目指したい。

一般的なビル計画では、避難路は下（地上）

へ向けるのが常識だが、本案では逆に上（上層階）へ向けて避難することを優先させている。津波から逃れることを前提とするからだ。その点発想の転換が必要だ。車椅子利用者にはスロープを設け、介添えの協力を得る。高齢者も同様だ。幼児の乳母車など、ディテールの処理はユニバーサル・デザインに配慮することはいうまでもない。

Ⅲ-6　海辺の景観と復興計画

海浜は漁業者にとって死活問題といえるほど大事な場所である。そこに大掛かりな防潮堤を兼ねた道路を造るなどとは、漁業者の営みを無視した計画だといわざるを得ない。安易に構造物で海浜の連続空間を断ち切る行為は許されない。漁業などの機能はその地方の資産であり、将来的にもその活動を妨げることはできない。漁業者にとってそれを失っては元も子もなく、そのようなやり方では将来において必ず禍根を残すだろう。防潮堤は台風や少々の津波に対応できる最小限の築造に止め、あとは被災地内に建築的構造物で津波対策を十分考慮した形式で再開発すべきである。そのほうが経済的、工期的、環境的な配慮から考えて有利な結果をもたらす。大津波に対して無駄に対抗することは考えないほうがいい。東北リアス式海岸地方の現実を考えれば、何が一番良い方法かは必然的にその形が見えてくるだろう。大津波に対抗するものではなく、「逃げる方法」を主流に対策をとるべきだ。建築的（土木スケールをもった）構造物によって旧市街地の被災地に再興することがあらゆる面で有利と考える。被災地の後背地にある山を宅地として切り開けば、すでに顕在している環境を破壊し、取消しのつかない結果になってしまう。それは各地域にとって決して好ましい選択とはいえない。また、従来のように海に近い漁業者（漁師など）からすれば、職場と住いが離れ通勤時間がかかる。それでは漁師の行動を制限するだけで、日常の利便性に欠ける。できるだけ従来の生活行動パターンを維持し、それを尊重する計画にしたいものである。

現地を復元する方法として、宅地を盛土で行う造成はリスクが大きいので注意が必要だ。地盤沈下や液状化の原因となるからである。地震からも影響を受け、その負担は少なくない。津波にも十分対抗できるとはいえないだろう。また、造成に必要な土砂量を得るために、山を削ることになるが、周辺に顕在する緑の破壊に繋がり、自然崩壊の原因となり問題を残す。

津波を逃れるために山を切り開いて「高台」と称する所に宅地を設け、そこに住宅地区を築くといった計画案があるが、筆者には、疑問があり基本的に反対といわざるをえない。宅地は必ず切土、盛土の部分が生じ、将来沈下問題が発生することは間違いない。たとえ津波による被害がなくとも、地震によって基礎に影響を与え、建物の機能が不良になってしまうだろう。そんな例は全国で多く存在しているが、事故が発生してからでは遅い。したがって、ここで提案したいのは、被災した在来の場所を人工構造で立体的に構築して、津波の高さをしのぐレベルに建物の階高を設定し、避難場所としても同時利用できる建物づくりといった考え方を基本コンセプトに掲げることである。これを大方針としてマスタープランづくりを進めるべきではないだろうか。住み慣れた従来の町（場所）を放棄することなく、積極的に有効活用するような考え方で、新しく安全で夢のある街づくりの推進を期待したい。以上は被災した従前の場所の復活を願うことから発想したものである。これが復興のための基本的な命題であり、実現させなければならない課題である。

Ⅲ‐7　日本国土の可住面積に限界あり

日本列島は馬の背のような地形をなしていて、太平洋や日本海に向って比較的急傾斜になっているので、傾斜地が多く、人間が住むための有効な土地が面積比的に必ずしも多いとはいえない。まとまった建築用地を求めようとすると、山を切り開くことになり、その結果、樹木をはじめとする大切な自然資源を失うことになるわけだ。一度壊した自然は取り戻すのに数十年から数百年かかってしまい、果たして従前の生態系が戻ってくるかどうかは保障できないという。結局、現在存在する可住地を利用し、建築計画せざるを得ないのである。また、災害地域はリアス式海岸沿いであるので、入り江から近いところでは、急斜面の地形になっていて、そこを宅地に開発することはそう簡単な話ではない。津波被災地は漁業を営み、収穫と同時に加工関連、流通機能をもった地域である。したがって、職場と住居が遠く離れていては不都合をきたしてしまうので、職住近接型都市開発が基本的な条件となるだろう。津波で破壊された場所を敬遠して後背地に移住することはそうたやすいことではない。それを早く気付いて計画しなければならない。しばらくの間辛いだろうが仮設に待機してもらい、早急に具体的なプランを立て、安全で効率のよい工事を進め、そのための超法規的な手続きをとり、建設の実行に向けて走り出さなければならない。

当初コストがかかっても長期間返済方式で考えれば、年間投資額は安くなる。当然、金利は0か低利ということになるが、それは社会全体でカバーし、国民的納得によって進めることにする。災害の度に繰り返すダブル投資を考えれば安上がりとなろう。何よりも安全で安心して住める事業ができる。防波堤や防潮堤にかけるコストを全面的ではないにしても、人工土地とSI式の避難建築に投資するように予算をシフトする考えを主流にしたほうが結果的に安心してコスト低減が図れるだろう。

海に囲まれた日本の国土は、周辺海域が広く、沿岸線の延長距離は約3万km。国土面積約38万㎢のうち約12万㎢（32％）が可住面積である。英国をはじめ欧州諸国の70～80％に比べて可住面積比率が半分以下で少ないことが分かる。国土の断面が急勾配で、可住面積の広さに限界があることは日本の特徴といえる。

Ⅲ-8　復興都市のモデルはコンパクトシティに通じる

集約と分散といったコンセプトを前提にすることが、復興都市の条件として設定できるだろう。住居（集約型）と外部空間（公園などの大・小分散型）を適正に配置することが重要だ。被災地の復興には、集合住宅形式が安全性を確保する上で望ましい。また、祭事やイベント空間、そして信仰空間、地方文化育成空間など、地方性を活かしながら再興することが要望される。従来の自然発生的な自動車保有台数は、津波災害にとってガレキ発生の原因になり、後始末には非常に苦慮した。それらを減量させる街づくりが、津波再来時のガレキ発生防止策になることは間違いない。自動車保有台数は何らかのルールを設けて規制することが必要だ。また、コンビニとスーパーの分散は、利用者の歩行距離を短縮させることができ、高齢化時代に相応しい配置構成を可能とする。さらに、電気自動車の発展によってコンパクトシティの採用がますます可能となる。カーシェアリングは複数の人が1台の車を共同利用することで経済的な合理性がある。構造改革特別区域法の下で既にその活用が始まっていて、脱マイカー時代に適合する選択である。これを新しい都市開発の中に組み込むことは有効である。本論で提案する高置道路（図Ⅴ-7-1〈142ページ〉）の交通手段として電気自動は活かされる。CO_2対策に適応するため低炭素都市を目指すことも可能だ。なお、都市スケールによっては、送電線が必要な路面電車（ＬＲＴ）やバス（ガス廃棄、廃熱）は、起伏の激しい地形条件の地域では面積規模からしても採用が難しい。カーシェアリングを実現させるためのスマートグリッド・シティーには、電気自動車が配備され、参加会員が予約制で活用するシステムの整備が必要だ。本論が提案する高置道路の設置とこのカーシェアリング・システムの導入は、再建する街の要となる。電気自動車が市民権を得た暁には、CO_2対策に貢献するであろう。

多くの被災地は中心地域が平坦な地形となっている。この場所を対象に再開発することが最も的確な選択といえよう。周辺の急峻な高台を造成して宅地開発することは避けたい。なぜなら、過去の事例が示したように、地盤沈下など問題が多く発生するからである。それを繰り返せば再び同様の災害を受けてしまう。切り盛り土の宅地は地盤沈下の原因となる確率が高い。住宅地を高台と称する山地に安易に仕向けてはならない。そこを開発すれば、デメリットの問題が発生することは避けられない。高台に移すのではなく、むしろ積極的にゴーストタウン化した被災地を対象にして、そこを使いこなすよう検討すべきだ。安全な建築構造物によって、再来するであろう津波に負けないものを建設して、職住近接の生活環境を復活させることである。結果的に人々の安全と財産を保護するのに役立つはずだ。復旧、復興のための基本的条件としてこの考え方を徹底させることを期待したい。この考え方は、東日本大震災地域のみならず、日本の海浜地域のどこでも共通することであり、世界中の津波被災可能な沿岸地域に対しても、再建の手法として大いに役立つだろう。

津波に負けない強靭な復興ビルは、新しい街づくりのためのモデルとして活かされる。それには意識の改革をもって取り組むことである。将来、津波に再び襲われても人命と財産（資産）が全て無事であることを保証する考え方が必要だ。後世に継承できる構築物を造ることが、現代に生きる者たちの使命であり、しっかり肝に銘じて取り組むことである。そして長く住み続けることができる街づくり、建物づくりが不可欠で、将来にわたって持続可能な形式を生み出すことである。最も大事なことは、人々の生活の息吹が聞こえる街づくりだ。歴史、文化、地方性、そして個性を感じる街空間を求め、希望がもてる街や住宅などの施設を整備し、津波常襲地域の再建を実現させることである。

❖本論で提案したいコンパクトシティは、職住近接型街づくりを目指すのに相応しい。歩行可能な圏域を対象に、住みやすい街づくりを行い、そして、ヒューマンスケールを重視する。経済の停滞や人口減少が予測できる自治体にとって、人口と産業の集中化は有効な財源の確保を可能とする。既に、青森市など日本国内には、各所においてコンパクトシティの推進が図られている。震災地の再建には、この方法が参考になるだろう。これは近隣住区計画に近い考え方である。米国オハイオ州ヤングスタウンは工業で栄えた町だったが、現在、人口が減って周辺地域の都市サービスができなくなっていた。そこで住民の合意形成を得ながら、都市へ集中させて運営するようになった。日本の地方都市でもコンパクト化が現在検討されているが、実現のためには住民の合意が鍵となる。これを実施する方法としては、民間企業の力を活用することが考えられる。当然行政の指導と援助は欠かせない。合意形成が大きな課題になり問題解決の要因となる。それには経営能力を発揮することはもちろんだが、何よりも正確な現況把握が重要となり、そのデータを基に解決策を図ることである。

高齢社会の住居は、コンパクトな街に合致する。「戸建て住宅」と「集合住宅」を比較してどちらが高齢者にとって都合がいいだろうか。高齢夫婦の場合はまだしも、どちらかが欠けた場合、孤独な生活になってしまう。今後そんな事態がますます増加することは否めない。戸建て住宅で孤独な生活をしている人たちには、心身ともに問

図Ⅲ－８－１　コンパクトシティの概念

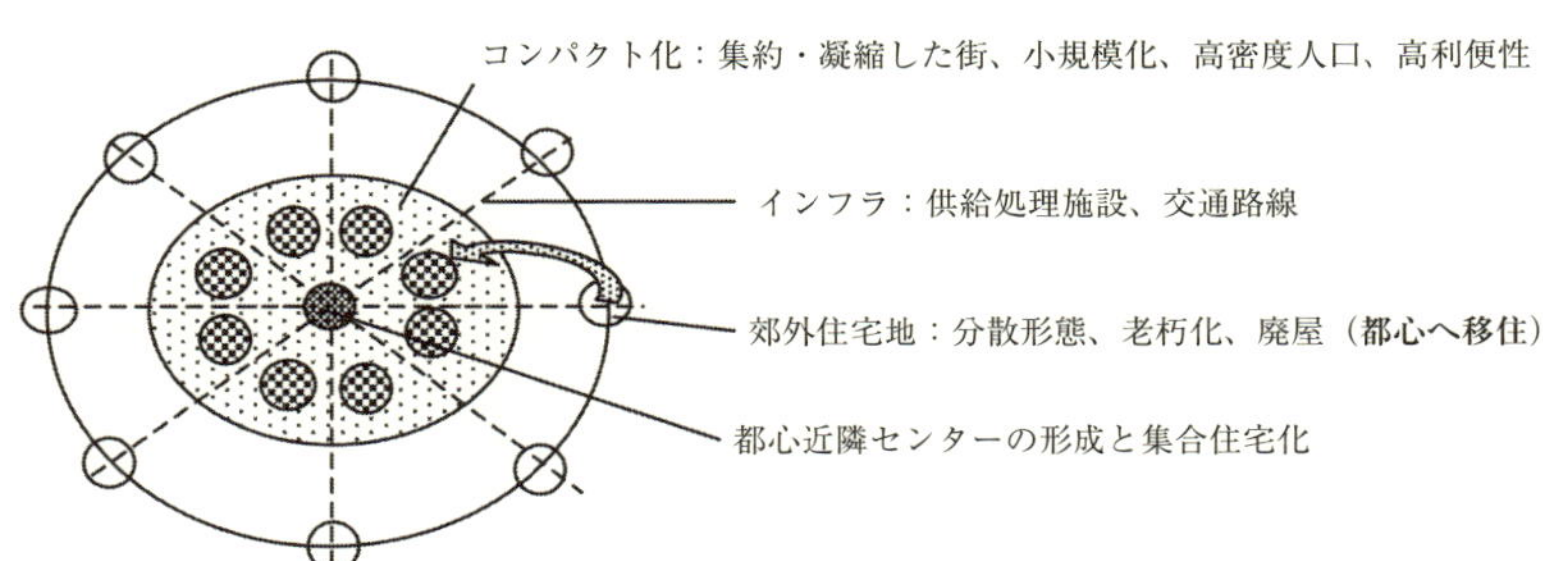

題を引き起こす傾向がある。徐々に身体が不自由になることは、各人多少の差があったとしても必ずやってくる。近年、孤独死がよくニュースになっている。個人的な事情はともかく、日頃のコミュニケーションがないことは、精神的環境からして好ましいとはいえない。それらを解消する方法として共同生活様式があろう。シェアハウスなど集合住宅での生活は、高齢者相互の共助体制をつくり、日頃の会話や遊びなどに興じることができ、健康的な生活を維持することができる。いざ健康を害したときは、近くの友が協力し合って行動するだろう。精神的健全化を図る可能性も高まる。戸建て住宅で個々が分散していたのでは、行政が協力する場合、時間と経費などがかかり不都合をきたすことになる。したがって、高齢者人口が増加する時代の一つの住居選択肢としてコンパクトシティの存在がを重視したい。これは今後有力な都市再生の方策として定着するものと考えられる。ちなみに、図Ⅲ‐８‐１の概念図を参照してほしい。

電気、電話、水道、下水、ガスなどのインフラ整備に有利な環境を造るのもこのコンパクトシティである。これは経済的有利さと利便性において管理上効果をもたらしてくれる。住宅地域が分散型では、インフラ整備に関して、維持管理上効率のよくない環境状況になり、改修が難しく生活に支障をきたしてしまう。郊外住宅地域で住民の不在による空き家が増えれば、街の経営が難しくなる。結局、財政圧迫や管理不能となり、ゴーストタウン化がはじまるだろう。

◆ 複合建築の効用

①ビルの複合化は、現代建築においてごく普通の形式となっている。従来、建物の機能や用途別によって建てられた建築が、現在は、街の再開発により多目的なビル構成として複合化する例が増えてきた。商業・業務・宿泊・医療・行政・住居などが一つのビルに内在し、共同運営している。学校（教育施設など）が加わって複合ビル化している場合も出現する時代になった。

人々の生活形態と街づくり、建築づくりは、少子高齢化社会に向って対策を考えると、前述のとおり医療、介護などの施設を大型化して管理しやすくする方を選ぶだろう。健常者との複合的コミュニティーづくりや各地域でのサービスシステム、そして、三世代コミュニティーや教育施設を一体化することで利便性が高まるのである。チームワークを大切にして、高齢者の労働力活用はもちろん、人材の国際化を目指さなければ労働力の確保が難しくなる時代だ。高齢者向けの特老施設、デイケア施設、グループホーム、グループハウスなどを複合形式のビルの中に設置し、それを運営することが津波から命を救う最良の手段となることを強調しておきたい。

②再開発といえば、駅前の広場とともに商業を中心としたビルづくりが多かったが、せいぜい集合住宅やホテルなどと一体化した形式に止まっている。大都市では、六本木ヒルズ、大岡山駅ビル（病院併用）など、低層階が非住居系で上層階をオフィスや住居系に利用する再開発ビルが全国的に展開している。その複合現象を捉えて被災地再建に適合させることは可能である。複合ビルの立地は、場所を選ぶものではない。目的に適っていれば、当然適材適所の判断で計画することができる。これを全国的な展開案として、将来、再来するだろう

巨大地震・津波対策に取り入れ、事業促進に拍車をかけることとしたい。一つの街が、一つの複合ビルにまとまって立体化した建物づくりを本論で提唱するものである。

現代生活で住居様式を集合住宅（マンション）化することに抵抗を感じる人はどれほどいるだろうか。大都市では一般的な住居形式となっていることに鑑みれば疑問の余地はない。地方都市においてもマンションの存在は、珍しくない時代になった。マンションはバラバラな小規模の土地や住戸を集団化した立体的な建築様式である。昨今流行の平面的ミニ開発に比較すると、はるかに利用効率は高く、地域環境の改善や街の生活空間の質向上に貢献することができる。戸建て住宅地域では、実現が難しい共用の外部空間づくりや街路整備や緑地確保など、地域の環境整備における実現性が大きいので広く理解を促したい。津波被災地では、それらの環境づくりに異論を唱えれば解決は程遠くなるばかりで、何の効果も生み出さないだろう。津波被災地域が従来の平面的な土地利用で再建すれば再び危険が伴うことは明らかだ。そのような地域は、立体的な人工架構体によって守られなければならないことを基本理念に据えて、将来に悔いのない方向へ進めることが、安全確保のために不可欠である。

日本では、大昔から「長屋住い」という生活形態があった。それは主に横に延びた連続長屋である。それを単純に上下左右（向う三軒両隣り）に配置する住居形態に置き換え、立体化する考え方に注目してほしい。立体居住方式（高層マンションなど）は、低層住宅に慣れた人たちには一時的に拒否状態になるかもしれないが、心理的な面で考えてれば必ずしも無理なことではない。むしろこれからの生活スタイルを先取りしたものとして理解されるものと思われる。津波にやられた現実を思い起こせば、立体的住まいに定住することは、何よりも安全であり、誰が考えても疑問の余地はない。現代はマンション生活が当たりまえの時代である。立体居住方式は不自然な話ではない。

旧来の住宅地域の都市計画的運用では、被災地の資産価値は低下するばかりで、従前の権利者にとって何のメリットも生まれない。地域の不動産評価を高めるためには、地域ぐるみで前向きな将来計画を立てて進める手段を講じなければ永久に救われないだろう。それを解決する手法として、集団化を図り、相乗効果を高める方策を早く打ち出すことが賢明だ。

従来の財産価値は、土地本位制におけるシステムに基づいた扱いであった。容積率を高く確保することが評価の対象となったが、被災地域が将来どのような発展をしていくのかは、現在のところ予測できない面も多くあり、容積率を単に上げれば有利になるというものではない。被災地の新しい街づくりを考えるならば、先ずは安全第一だが、それに加えて新しい時代に相応しい生活空間としての環境づくりに力点を注ぐことが重要となろう。それらを実現させるには、減税等優遇税制措置における有効制度の構築を実施することが開発効果をもたらす要因となる。

津波に強い安全な街の生活空間づくりをはじめ各種公共施設の建設など、税金で全て整備することは容易なことではない。これを前進させるためには、公的資金に頼るばかりでなく、民間資本投入の協力体制によって成立させる手法も考える必要がある。いわゆるＰＦＩやＰＰＰ方式（コラム参照）などの活用を図る策もある。いずれにしても、被災地の再開発には、地元権利者（住民など）をはじめとする官・民共同体制を重視した取り組みが有効ではないかと考える。子孫から評価を受け、喜ばれる街づくりを目指して奮起することを期待したい。目先のことに拘っては再び失敗を繰り返すことになる。それだけは絶対に避けねばならない。

③　完全な救援活動はなく、救援方法に決定的なものはない。助かった人たちにとって心地よい生活を望むのは

短期的には難しい。しかし、被災者が孤独になってはいけないことが、過去の経験で明らかだ。被災地には、津波で家族を亡くした人、従前から単独で生活していた人など、いろんな境遇の人たちが混在している。その人たちを孤独にしないで生活してもらう方法が集合生活方式である。一定期間、一定の場所で共同生活を楽しんでもらいながら生活することである。もちろんそれに馴染まない人たちもおられるが、ともかく、複合建築によって生活する方法を、一つの復興解決策として提案したい。そして何よりも大事なのは、働く場の提供である。生産活動に携わることは、人にとって生きるための基本的条件である。働きながら日常生活を営むことは、心身ともに健全に過ごすことができる大前提となろう。そこには目標に向って希望が湧いてくる。社会支援によって得る金銭は、予算に限界があり、その予算のなかでどう解決できるかということに限定されてしまうので計画的配慮が必要だ。

Ⅲ－9　生活再建は津波に強い街づくりとともに

津波被災地の街づくりをどういう方針で進めるかが大きな課題として浮上してくる。これを解決するには、過去のような成り行き主義ではおぼつかないことはいうまでもない。被災以前の当該地の地域特性を活かし、新しい発想に基づいた街づくりを展開することが望ましい。その意志をしっかりと固めることが重要だ。被災地の特性としては、漁業・農業・林業、それに伴う加工業などが挙げられ、一次産業が中心になっていることが分かる。その他の地域においては、各種部品の工業生産分野が含まれる場合がある。被災地にはすでに民宿やホテルなどが顕在し、営業していた実績がある。例えば、開発の対象としては、リゾート開発によって食文化を活用した地方色豊かな特性を発揮する方策がある。海とのかかわり、山とのかかわり、そして伝統ある民俗性をより一層助長させることができれば被災地の発展に有利に働く。今回の津波被災以前からこの地域の将来像があるとすれば、それも十分考慮に入れながら構想を練り、積極的方策を立て、前進させることだ。海外の事例では、サンフランシスコのフィッシャーマンズ・ワーフ（漁師の波止場）やファーム・リゾート・マーケット（観光農業市場）が参考になろう。前者の類では、すでに釧路、若狭、白浜などが地域を活かした運営を進めている。色とりどりの漁船を観ながら魚介類を水揚げし、観光地としての繁栄を描くのも一つの生き方である。漁港ながらではの地勢を活かした新しい発想で集客力を増す再開発を目指してはいかがだろう。以上のような街づくりを子供教育の課外基地として位置づければ、将来に希望が湧いてくる。大事なことは、既成概念に捉われないことである。資源としてのガレキを包み込んだ街づくりがあってもおかしくない。

被災地は何処をとっても風光明媚で、日頃は穏やかな海である。しかし、海が牙を向け、恐ろしい場面に一旦でくわすと津波になって猛威を振るい襲い掛かってくる。それが津波常襲地域の悩みである。それを人工的手段によって対処すれば、恐ろしさは拭い去ることができよう。人工架構物によって守られた空間で生活できれば、大変心地よい空間と安心を人々に提供できる。東北地方の人々の気質は、その優しさが比類ない大切な存在として評価されている。新鮮で美味しい魚介類に恵まれ、食物の産地としての特徴は誰もが認めるところである。全国を対象に各種産物が移送され評判もいい。災害は毎日やってくるわけではない。何年かに一度、あるいは数十年から数百年に一度といった周期で襲ってくるものだが、それを誰も予知できないのが現実である。津波という魔物は必ずやってくる。その時に難なく避難できる街づくりをしておけば、少なくとも人々の命は救える。個人も企業も含め、資産の保有維持もできる。そして、企業の業務継続が可能となろう。それを建設できるのは現代に生きる人々である。平成の津波3・11を契機に、是非とも可能な限り手をつくして応えるべきである。津波常襲地域の将来のために安心して暮らせる街づくりに力を注ぐことは、現代人の責務である。経済的損失を繰り返さないためにも絶対実現させなければならない。

◆津波に負けない三世代（四世代）交流の街づくり

被災者はてんでんばらばらになって仮設住宅に住んでいる。その結果、被災前の隣り近所との付き合いから切り離され、精神的負担を余儀なくされることになる。時間の経過とともに、住めば都ではないが、徐々にコミュニケーションが図れるようになる。しかし、人によっては、それでも馴染めないで暮すことになり健康に支障をきたす場合もあろう。

街は年齢層が豊かであればあるほど活気が生まれる。高齢者が後進に対して体験と知恵を伝承できれば、それは一種の宝となって生活の向上に役立つ。

復興住宅が完成して、入居が始まれば、折角慣れた人間関係も再び崩れてしまう。高齢者にとっては、その変化についていけず辛さが増すばかりである。復興住宅は、高齢者から孫まで、場合によってはひ孫を含み、年齢層厚く複合的に暮らせるような環境づくりができれば、それに越したことはない。三世代あるいは四世代がその地域に生活できる社会形成を図りたい。これからは高齢社会に向け、街づくりに不可欠なバリアフリー（ユニバーサル・デザイン）などの整備が街の活性化に役立つ。高齢者ばかりでなく、若者たちも希望をもって暮せる社会環境の整備が求められる。そして社会全体がそれを支える体制づくりを目指してほしい。

自分の世代しか考えない人間社会は、国家を維持することは難しく、国民として無責任体制を助長することになるのではないだろうか。人間が人間らしい生活をいつまでも持続させるためには、先祖の経験を真摯に受け止め、それらを教訓とする心がけが必要である。過去から学び、未来へ向け後世のために役立つことを創造し、それを実現させることが現世を生きる者たちの使命であろう。それができなければ無責任といったレッテルを貼られても仕方あるまい。津波が荒れ狂った後は、海の幸が従前よりも良好な状態になり、恵をもたらしてくれるという。今後、人工地盤を駆使した住まいをもって街を再建させれば、将来の安全性を確保し、安心感を高める街づくりが保障されるだろう。豊かな洞察力を利かせた街づくりを目標に、具体的事業の推進を図りたい。

Ⅳ章　街づくり・建築づくりはヒューマンスケールを基調に

人工地盤（土地）をベースとする街づくりが、被災地再建の最も有力な方策であり、その原則を徹底させなければならない。さらに、ヒューマンスケールの街づくりを重要視することである。

被災地は第一次産業が主流の地方都市である。各都市の人口は、数万人を有し、身近なところは海や川の自然環境が豊富である。また、人情味豊かな絆の強い社会が営まれている。今回の震災を振り返ってみると、従前に在った多くの木造戸建住宅が大きな被害にあい、それは危険だということが誰の目から見ても明らかになった。津波被害を過去に何度も経験していたにもかかわらず、活かされていなかった。その反省に立った都市計画が徹底されていなかったのである。もし、それを活かした基本原則によって街づくりができていれば、悲劇は最小限に止められたはずである。津波対策に十分配慮した都市整備が行われていなかったのが悔やまれる。

津波被災地域には、新しく「防災地域指定」をかけて、将来の安全性を確保する都市（街）として再開発すべきだろう。ただし、注意すべきは地方性を大事にした豊かな環境づくりを前提条件としなければならない。それには「ヒューマンスケール」を重んじた計画とその実現が重要で、計画を立案する過程では、妥協のない絶対的な条件を設定する必要がある。単なる原則的扱いに留まれば、結果として曖昧模糊としたユニークさに欠ける街になってしまう。そして、理念不在の中途半端な街づくりになり、再びくるだろう地震・津波に耐えられない街と化してしまう。この期において、それは絶対避けるべきであり、街づくりの断固たる条件として人工地盤（土地）方式を選定することである。街の基本的な開発規模としては、その原単位を「近隣住区」（人口約6千～1万人）程度とすることが一例として挙げられる。人々が暮らす最小規模の生活圏域として設定したものがこの「近隣住区」である。具体的には左記のような生活圏域を対象にしたものが考えられる。これは世界的に共通する都市計画の原単位として理解されている。

①歩ける領域（10～15分圏域を原単位とする。歩いて通える職場、歩いて暮せる街）
②近所の住人の顔がわかる範囲（コミュニティ形成を図る）
③日常買いまわり圏域の設定（商店街形成を可能とする）
④小学校学区域単位（5～6分歩行圏を前提とする）
⑤各種施設の適正配置（学校、公共機関、医療機関、病院、診療所、商業・工業施設、流通拠点、漁港、農産・畜産、林業、製造業、娯楽施設、スポーツ施設、等）

Ⅳ-1　五感を活かした街づくり

東日本太平洋沿岸地域は、主に第一次産業の生産が盛んである。そこに巨大な津波が押し寄せ、未曾有の災害が発生した。それぞれの街は、潮の香りが漂い、風光明媚な土地柄が人々の心に潤いを与え、その風土が地域の民俗的性格を育んだのではないだろうか。いわゆる東北人のねばり強さと、実直な性格が、その特徴を表わしている。それは東北の気候と地理的な環境が影響しているのだろう。地方によってはそれぞれ異なった民俗性が生まれるのである。それを感じさせる現象が、身体の内外に影響を及ぼすいわゆる「五感覚」に作用している。街には五感の要素が至るところにはびこっているが、ほとんどの人はそれに気づいていないのが現実だ。しかし、日頃、無意識の内に感知しているのである。画家は街を散歩しながら景色や音や匂いに触れ、モチーフを温め創作する。そして、詩人や俳人は、旅先の公園や田園風景から刺激を受けた発想が要となって作品が生まれる。それらは五感を働かすことによって生まれるといえよう。日常生活において、人々は、自分を包む周辺の空間からあらゆる現象を感知しながら時間の流れとともに生きているのである。

街は古い時代から今日まで続き、変化したものと不変なものを混在させている。時代の変化は止めどもなく続き、そこで生活している人々にとっては、五感を介した様々な記憶が蓄積し、良否の選択を繰り返しながら時が過ぎていく。古い思い出は、五感を通じた記憶となって、人の心にいつまでも植えつけられている。滞在経験や通過経験のある街の思い出は、五感が刺激され、空間・時間の変化とともに記憶が甦り、そして繰り返していく。

街にはその街なりの雰囲気がある。雰囲気とは、ヴィジュアルな周辺環境をはじめとする、音、色、匂い、味、触を包含し、季節の移り行きや時間の変化を組み込んだ空間を意味している。その街なりに個性をもって時間が流れていき、それぞれの地域性によって異なってくる。

港町、ビジネス街、商店街、飲食街、工場街、農村、漁村、など、様々な街のスタイルがある。音は街の特徴を表現する。寺町では、鐘楼の音が時刻を告げ、飲み屋街では人々のざわめきが聞こえ、焼き鳥の匂いが食欲をそそる。街づくりには、その五感に配慮した心地よい生活本位の環境が求められ、それが街の活性化を図る要因となる。安全で快適な街を造るには、五感の特性がバランスよくミックスされていることが重要だ。漁村の街は潮の香りと魚の匂い、船着場のエンジン音、海鳥の声、潮の波打つ音、働く人々の掛け声、そして風の触感などが無意識の内に人々に浸透していて、一人ひとりの感覚に染み付いているのである。漁村の環境で育った漁師たちには、脳裏にその場の感覚が焼き付いている。被災地に新しく再建させる街づくりは、この五感覚に富んだ街づくりを展開して、癒しの空間を創出してほしい。将来、その街の特徴を表現するのに大きな役割を果たすために。それは一種の街づくりの原則であって、他に類のない特異な街として活性化につながっていく。街は、そこに住む人々の生活を優先するが、外来者にとっても魅力的な環境であれば、必ずリピーターも増え、定着人口の増員にも影響するだろう。また、それは復興のための必要条件ともいえる。土着性に富んだ街づくりを行うには、将来を担う子どもたちにとって誇りが持てること、そして、何よりも安全な構築物を提供することが必須である。今後は、震災の記憶を風化させない社会環境を持続させなければならない。震災常襲地域の生活の知恵として、この五感覚が活かされる街づくりを提案したい。

Ⅳ-2　ヒューマンスケール重視の根拠

建築も都市も空間の連続で包まれている。その空間が人間に及ぼす影響は多々あるが、果たして人々は日常的に意識して生活しているだろうか。空間スケールは人間にとって重要な心理的役割を担っている。街の環境は、住宅地域や商業地域、緑地、道路、鉄道、広場などの空間によって様々な形で構成され、その空間特性が地域の個性を保っているのである。

人々の住居や働く場が存在してはじめて街の姿が生まれる。人の五感は、快適さを感知し、心地よさや悪さの感覚的判断を行っている。人間の知覚機能は後述の三種の快適性に大別できるが、そこでは住居と街の空間感覚の適応性について考察している。そこで先ずは五感性について触れておこう。そして生きる者の知恵（術）としてその認識が必要であることを記憶しておきたい。五感は①聴覚（耳）、②視覚（目）、③触覚（皮膚）、④嗅覚（鼻）、⑤味覚（舌）で構成するものだが、それぞれが単独に作用するものではない。相関関係を保ち総合的に感知して認識されるものである。その生理的な反応は、外界から刺激を受けることによって起る。人間は環境から刺激を受けて五感を総合的に働かせながら生活している。建築空間は床、壁、天井の三次元によって構成し、人間をとりまく環境を作り出し、その空間で行動する人間のスケール感覚に大きな影響を与える。建築のみならず、街を構成する空間の変化は、人間に対して何らかの感覚的変化をもたらす可能性がある。街の匂いが旅する人に印象を深め、日常生活における楽しさやその場所の個性を知ることができるだろう。海の潮の匂いなどは、典型的な例として挙げられる。では次に人間の快適な三つの知覚機能について概説しておこう。

①**身体的・生理的な快適性**：例えば人間は熱に関して敏感である。室温が快適かどうかは個人差があって、一様には言い切れない。男女差、年齢差、体格差、経験の違い、生活環境の違いによって個人差がでてくる。温湿度の感知は、温度分布、気流、輻射、服装、建物の性能（熱伝導率）などの状況によって快適感が異なる。併せて、照明の輝度や照度による疲労感が快適性に関係することも見逃せない。

②**心理的・情緒的な快適性**：快適で意欲的に暮らすためには、精神的、情緒的な環境が必要だ。人は、五感をとおして精神的な刺激を受け、デザイン、素材、色彩などを選択している。また、街の環境づくりや住居の個性

的なデザインを決定づけるには五感力が働く。街の環境や住居空間を創り出すためには、五感を働かすことが重要だ。住居でもオフィスでも、時代の変化に伴い、老朽化が進み、更新の必要性がでてくるから、時代の要求に応じてフレキシブルな使い方ができる建築システムが求められる。それに対応可能なSI方式（スケルトン・インフィル：コラム参照）の建築が被災地に最も適ったシステムとして挙げあられる。

③社会的・制度的な快適性：住居地域の環境維持に不可欠な要件がコミュニティーづくりである。地域住民が心地よい生活を維持するためには、近隣づきあいが欠かせない。「遠い親戚よりも、近くの他人」とか、生涯よき友人に恵まれるかどうかは、人生にとって大切な生きる道といえよう。個人（プライバシー）と公共（共用）の空間をバランスよく配置することは、長寿命建築づくりばかりでなく、快適な街づくりの基本である。個人と公共の存在をメリハリ（コントラスト）をもって処理することが、快適な環境整備を可能とする。そして、災害時における協力体制の構築にも役立つ。

次にヒューマンスケールとアーバンデザインについて少々触れておきたい。住居は敷地の形状によって平面形が決まる。同様に街を形成する建築群・住居群は当該地域または、地区の地形によってその形態、すなわち、アーバンデザインが生まれる。アーバンデザインは街の群造形の美しさをつくるもので、鳥瞰的視点からの検討が重要である。だが、そのなかに暮す人々の快適性・安全性、そして居住性を確保するためには、歩行レベル、すなわち虫瞰的視点からの配慮を怠ってはならない。なぜなら、街はあくまでも人間の営みがあってはじめて存立するからだ。ちなみに、イタリアの中世に繁栄した地方の街（丘陵都市）には、ヒューマンな生活環境が至る所に顕在していて参考になる。

Ⅳ‐3　職住近接型生活システムの展開

被災地の産業は漁業・農業そして加工業などが中心である。したがって、従来の生活様式は住まいと働く場所が接近しているのが通常の形であろう。人の生活は、寝て起きて働いて休んでなどの繰り返しである。先ずは住居と労働の場（漁場）の確保が必須。商店経営、中小企業経営、一次産業などの経営者は大方が職住同一建物の生活システムが一般的である。それが最も都合のいい暮らし方だからである。都会生活のサラリーマンなどは、住居と職場が離れていて、通勤に時間がかかり、身体を酷使しながら日常生活に励んでいるわけだ。交通時間に生活時間をかなり奪われているのが実態である。そんな生き方は人生の大事な時間が非生産的消費となるので無駄になり、ゆとりのない生活に追われてしまって空しい。

ヨーロッパの地方都市の市民生活は、都会であってもかなり住居と職場が近接していて、片道30分程度の通勤時間で通っているのが多いようだ。昼食も自宅で済まし、一休みして再び午後の仕事に行くといった例は少なくない。東北の被災地は一次産業が多く、二次、三次があったとしても、その規模は大きくなく、職住近接型生活システムが可能な環境にあるものと思われる。したがって、複合建物の中に住居あり、職場あり、あるいは他の用途のものが組み込まれたとしても、利便性が高まり、経済性から考えても効果的な選択だといえよう。津波対策を重視した街づくり再建の原理原則がそこにある。これは津波に対応する安全性第一の復興計画として採用したい。

職住近接型生活システムには、歩いて暮せる街づくりが求められる。そこで近隣住区形式の都市計画を参考にしたい。片道5分から10分圏域の都市スケールを想定しよう。人口減少とともに少子高齢化時代における日常生活には、街づくりの課題として人々の交通手段が重要となる。毎日の買い物では、自宅から歩いて行動できるのが好ましい。それは近隣住区計画で設定するところの歩行圏域、すなわち片道５００ｍ～１ｋｍで用事が足せることを前提とするものである。特に、高齢者は体力的限界による行動範囲が狭くなることを配慮した街づくりの思想を根底に据えたい。可能な限り自動車や自転車などの機材に依存しない生活様式に変化しつつある今日、地球環境問題に対応するためにもクルマ社会の見直しが必要である。元来、人間生活は単純なものであり余計な経費の負担を避けることが、ますます要求される時代にきているのではないだろうか。

社会基盤整備に大きな投資をする時代は過去のものとなり、既存のストックを延命させて、長く持続する方式に変わっていくだろう。既存市街地をいかにして長く延命させながら運営できるかが重要な課題となり、効率的な社会資本ストックの構築は不可欠となる。それに対応できる街づくりを、復興計画の基本的理念として設定しておくことが大事だ。

一般的な低層（1～2階）の住居形式では、地震・津波・風水害などの自然災害に対して脆弱なものであることは明らかだ。そんな環境では安全な暮らしを確保することはできない。さらに、日常生活の問題としてエネルギーや資源の利用が重要視されるなかで、将来に問題を残さない街づくりを行うのは当然である。そのためには、歩いて暮せるヒューマンスケールのコンパクトで安心・快適性に優れた街づくりが基本となる。歩きながら楽しく行動できる街づくりを目指す復興が、これからの人間生活に欠かすことのできない絶対的条件となろう。歩いて暮せる街づくりは、そこに暮らす人々のコミュニケーションを密にし、地区のコミュニティー形成にも大いに役立つものと考えられる。

Ⅳ-4　住宅計画（共同住宅形式の場合）

コーポラティブハウス方式でマンションを建設する方法がある。近年、全国で年間約１０００戸が建設されている。１棟当り5戸とか30戸などの例もある。実際に建てる前から入居希望者を集め、コミュニティー形成を図りながらマンション建築の計画を行う。ディベロッパーが予め企画・設計・建設を進めて売り出すといったやり方ではなく、最初から入居希望者たちが組合を結成して、それぞれの要求度を満足させながら建設計画を進める。入居者の自主性が効力を発揮し、コストダウンを図ることも可能。住戸ユニットにメゾネットタイプ（一部吹き抜け空間をつくる）を導入することもできる。また、水周り（台所、風呂、洗面所等）の固定配置部分を除いて、各住戸内の自由設計を可能とする。本論が提案のスーパーユニット3層形式の構造体に、このメゾネットタイプはうまく混在させることができる。ユニット当りの面積規模によるが、販売価格で3・3平米／１５０～２００万円くらいが一つの目安となる。次に住戸の内容について少々触れておこう。

家族向け住戸計画は、１戸当たり１００～２００㎡を専有面積として設定する。高齢者用住宅は、１戸当たり60～80㎡の専有面積を設定。基本モデュールは、５×６ｍ＝30㎡を原単位とする。魅力的にデザインし、地域外の人が進んで移住するような環境づくりを目指す。入居者増を図るため、被災地域と都会とは交流を活発にし、進学率を上げ、大都会の生活に馴染み、それに慣れる若者に期待したい。彼らの好む環境の提供や家族構成によって柔軟的に造作ができるスーパーユニットに組み込まれた住居形式は、安全と安心を満足させる街づくりに適ったシステムである。ユニバーサルデザイン（バリアフリー含む）は当然のこと。エコロジカルな条件を取り入れ、ヒューマンスケールを尊重する。それを実現させるには、人体寸法からモデュールを割り出すことが肝要だ。
長寿命建築はゆとりある広さと高さによって可能となる。建物の階高は3m以上確保したい。隣の住戸とは、遮音性、防災上の安全性、断熱性などに配慮し、ゆとりある設備空間の確保はもちろん機器の互換性とか修繕しやすい設備スペースを設けることである。室内の収納空間を十分とり、貸し倉庫なども併用できるようにしておきたい。廊下や階段・斜路、そしてコミュニティー空間のゆとりも十分確保したいところである。

Ⅳ-5　近隣住区形成の条件

近隣住区内には概ね以下の施設が内在する。それは住居地区をはじめ、近隣公園・小公園・児童公園、道路、小学校・中学校、保育所・幼稚園、近隣センター、商業地区、行政施設、医療施設、文化・体育施設、治安施設、などである。近隣住区は、人口約6千~1万人で1小学校単位とする。半径500m~1Km程度の通学できる領域で、日常的消費生活が可能な行動圏を設定する。これは人々が暮らす生活環境基準としての原単位となる。小学校のPTA組織は、親の地域活動の教育訓練の場であり、子どもの育成は、地域社会全体の問題として捉えられる。小学校を中心に集会施設、近隣図書館、コミュニティスポーツ施設、高齢者施設、医療施設、などを配置し、健康で文化的生活を営む原単位として街づくりを考える。地域センターとなる小学校の機能をできるだけ活用することとする。

小学校学区域の単位規模を最小限とする街づくりを考え、人口構成の設定については、従来の街のデータを分析し、今後の変化を加味して計画する。検討事項は、世帯数、産業人口配分、漁業者構成、交通計画（道路、鉄道、バス路線）、自動車保有台数、人口男女構成・年齢構成、学校、役所、公共施設、住戸数、工場の種類と規模、漁船保有台数、教育、社交、休養などの施設、商店街（交差点付近のミニスーパーなど）、個人商店、職住近接の原則、住まいと船着場の近接などがある。また、漁師の毎日の生活圏域に配慮、農民の生活と住居の位置づけなどに配慮する。以上の各事項について総合的に検討して、その街の条件に見合った選択をしながら再建を進める。マスタープランづくりは、先ず区画整理手法による街区設定からはじめ、日常生活単位として小学校圏域を中心に検討する。

この近隣住区単位を基本にしたコンパクトシティを形成する街づくりが一案として描けるだろう。言い換えれば、シビルミニマムの形成やコンパクト・ミニタウンの建設を意図することとなり、コミュニティー形成のための原単位規模を作り出すものである。これによってスマートシティが成立しCO_2の大幅な削減が可能となる。横浜市は既に環境未来都市として２０１１年12月にスマートシティ宣言を行った。東日本大震災被災地域の６件が、政府の「新成長戦略：元気な日本、復活のシナリオ」（２０１０年６月閣議決定）において、21世紀の日本の復活に向けた国家戦略プロジェクトの一つに位置付けられ、環境未来都市として選ばれている。そこで省エネ社会の実現と再生可能エネルギーの導入、そして、電気自動車（ＥＶ）及び充放電ＥＶの普及と活用などを目指した街づくりの推進を図っている。

さらに、復興地域再建のためには、左記の事項について予め検討し、その条件に適合するマスタープランを計画的に推進することが重要である。

1．土地投機防止（地価暴騰防止及び上水道、下水道、ガス、電気、電話、電信の整備）
2．建築敷地の確保
3．道路形状の条件設定（断面構成）

4．再建地域の用途規制を柔軟的に扱うが、原則は変えず継続的に行う
5．小公園、遊技場、休養施設、保安施設、保健衛生施設などの快適生活環境整備
6．街路網、交通機関、地域別施設（公園、学校、社交、市場、病院、保育所、高齢者施設、社会福祉施設、健康増進施設など）
7．宗教施設は適正な場所を選んで配置し、津波被災に万全を期し、人々の心の安らぎの場を確保

Ⅳ-6　建造物にモデュールを適用

モデュールとヒューマンスケールとは密接な関係がある。日本で旧来から用いられていたモデュールがタタミの大きさ（寸法どり）に表れている。設計の基本は平面上の間取り寸法で、尺貫法の3尺×6尺などによって構成されていた。木造住宅は、その基準寸法によって間取りや天井高や建具の高さなどが決まっていた。8畳間の天井高は基準が8・1尺（約245cm）か、あるいは7・5尺（約227cm）であった。家具の他に諸々の道具類も基準寸法によってユニット化され、生産されていたのである。現代の家具調度品は、ほとんどこのタタミ割り寸法が基本になっている。なお、関西間（柱の内法寸法による割付）と関東間（柱芯による割付）などの形式があり、その違いを知っておくと間取りに関する興味が湧いてくる。

日本の家屋は、室内の間仕切りや棚、建具、窓などがタタミ割りによってその大きさやパターンが規格化されている。日本人のDNAには、このタタミ割り寸法が身体の中に染み付いているといっても過言ではない。したがって、日本人の快適さを保持する空間スケールは、長い経験から得たタタミ割りモデュールによって構成していた

ということができる。

建築や街づくりの基本的な設計条件として、モデュール感覚を重視した原単位を用いることは、快適空間をつくる上で重要である。建築空間は、オフィスでも住居でも人間を包むものである。つまり、人体寸法からモデュールの単位寸法が割り出されることを前提にすれば、オフィスでも住居でも基本的なモデュールは変わらないものと考えられる。建築空間は、どんな用途でも人間の存在が中心なので、共通の割付モデュール寸法を扱うことが好ましいといえよう。ちなみに、西洋の場合は、フィート、インチであって、これは人体寸法から発生している。

まずは、被災者にとって最も基本的な生活基盤となる住環境の整備を急がなければならない。衣食住の中でも、住環境の維持は人間生活の根幹をなすものである。

本論が提案している一棟完結型スーパーユニット形式の高層建築については、左記の要件を満たすことが必要である。

①強靭な架構体の建築（日本の建築・土木技術は世界的に優れた能力を発揮）

②人間工学的処理（人間の行動、安全性、快適性などに適応したモジュールの設定）

③設備工学的処理（電気供給：自家発電重視、空調換気、給排水衛生、汚水処理装置、火災防止など）

④エコ・エンジニアリングの駆使（自然エネルギー、緑、空気、太陽、CO^2、寒冷地対策など）

東京工業大学大岡山キャンパス：環境エネルギーイノベーション棟
外壁面及び屋上に太陽電池パネル 4570 枚設置、総発電容量 650KW

⑤材料工学的処理（建材の適用、健康危害防止など）
⑥自動車・バイク・自転車の格納処理（利用しやすい適性配置）

人間生活の行動には下記のような空間機能が求められ、それぞれが目的をもって行動している。それは、住い、労働、遊戯、憩い、癒し、学び、鍛え、娯楽、サービス、その他各種設備装置などが対象となる。また、人と車と緑の共存をバランスよく構成させることが重要だ。

Ⅳ‐7　エコ・スーパーユニット建築

建築空間の立体化が津波対策に適用された例はほとんどない。通常の建物3階分を上下一組1単位として大架構で構成する建築構造を設定するのが本論の基本的な提案となる。（図Ⅳ‐7‐1、2／116ページ参照）土木分野と建築分野のコラボレーションがこのプロジェクトを完成に導く大きな手段となる。なお、概念図Ⅳ‐7‐1は、建築形態の考え方の原形を示すもので、具体的には、当該都市の地形的・地理的条件に照らし合わせて行うことになる。三角の断面形態は安定感を印象付け、祈りの表現ともなる。テラスを広く、自然の風を十分取り入れたい。安心感を与えるため、原形案としては安定した台形を選ぶことにした。運命共同体のコミュニティユニットを形成し、自然との共生を重視する。

地震・津波対応型建築に配慮すべきは、構造が免震構造、あるいは制震構造であること。災害時に一次的供給措置としての備蓄機能を確保すること。そして、いざ震災が起ったときに重要な近隣同士の助け合い精神を育成しておくことを軽んじてはならない。日頃のコミュニケーションをいかに充実させ、継続させることができるかが震災時には救いの手となり、欠かせない存在となる。それらが形成しやすい環境を盛り立てるための一つの解決策として、このエコ・スーパーユニット建築の構築が求められる。ちなみに、断面の三角形状は、地震動に対して耐力的に見て、免震や制震工法とは異なった意味で安定した構造体として採用されるものである。日本の天守閣やピラミッド建築は、厳しい自然に耐え今日に至っている。

耐震性能を高める構造体は、各種存在する。①免震構造（地盤と建物の間に装置を設けて地震時に受ける力を小さくする）と②制振構造（マスダンパー装置を屋上に設けて建物の揺れを制御する）がある。ここで注意すべきは、躯体が超長期間にわたって活用されることを前提とすることである。持続可能性を求めることが重要で、そのための構造物を建設するにあたっては、その工事過程において、しっかりした現場監理体制を整えることである。意図的でなくとも、手抜き工事は厳重に防止しなければならない。日本の技術力は、それらを実現するためのソフト面、ハード面の両面にわたり、世界的に優れている。

防災対策としては、設備のハード面や災害時の住民役割分担をサポートするソフト面の充実が必要となる。防災設備については、巨大地震時に発生する水道や電力供給停止事態を想定しておくことが重要である。1棟500戸規模（1世帯4人想定）の場合、飲料水だけでも500戸×4人×2・5リットル（1人・日当り）で5000リットルになる。これを各階の備蓄倉庫に分散保管する。他に雑用水や防災用品もある。非常食品を加えれば相当な面積が必要。非常用簡易トイレも欠かせない。また、3日間使用可能な非常用発電機を装備して、エレベーターや排水ポンプ、共用スペースの照明用電源に当てるなどの補給体制を整えておく必要がある。

概念図Ⅳ-7-1（次ページ）は南北方向の建物断面を表わしている。南側の上層部には住宅を集合させ、反対の北側に宿泊系や業務系などを集合させれば、住宅に対する日照の問題も解決できるだろう。

図Ⅳ－７－１　エコ・スーパーユニットＢ（１ユニット／３階層）断面モデル概念

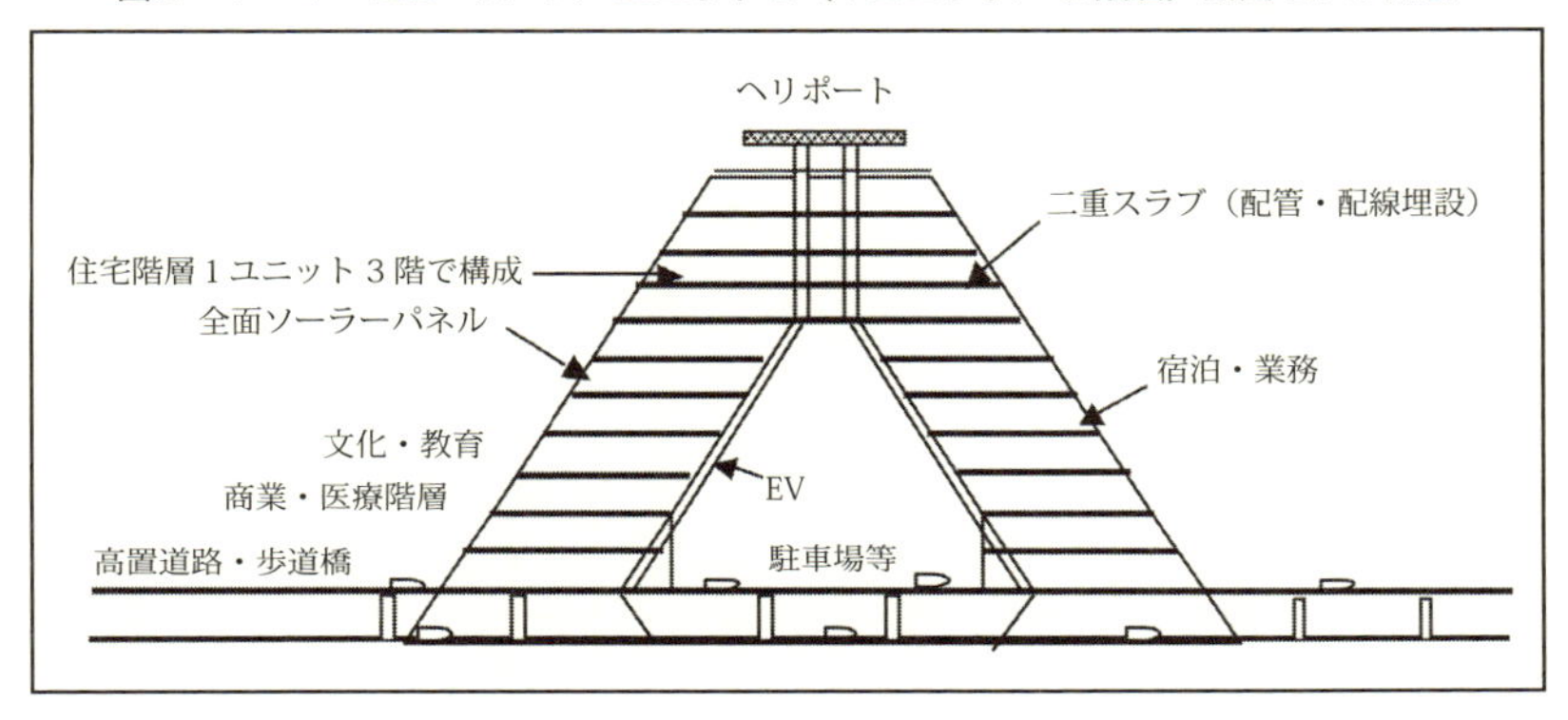

図Ⅳ－７－２　ビル断面構成概念　エコ・スーパーユニット内部　３層（３階）ユニット

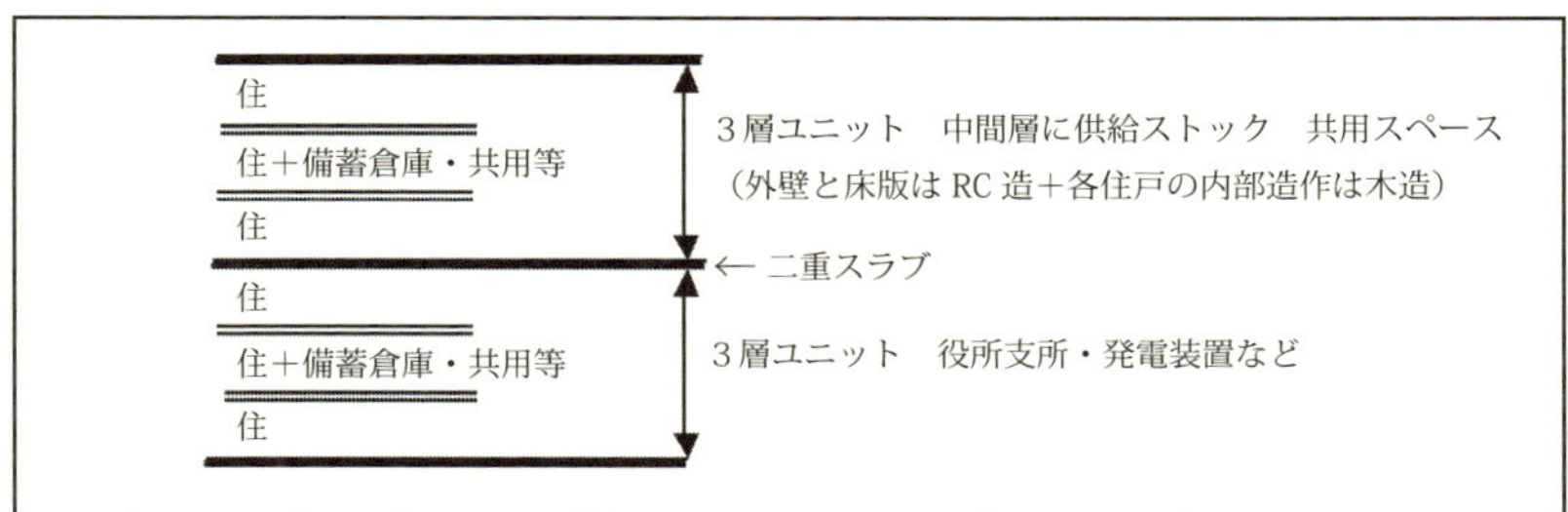

※３階ごとに二重スラブを設けて設備空間をとる。３層は、メゾネットタイプの住戸導入も可能。住戸の吹き抜け空間もできて、広いテラス等ゆとりある住まいづくりができる。各階はフラット形式の集合住宅で構成。

エコ・スーパーユニットは、人命救助船ともいえようか。地域の名称に習って、例えば、「気仙沼丸」と称号することもできる。この船艇に密着して地方産業（漁業、農業、畜産業、加工業、部品工業など）が、サテライト機能として多面的な形で参画（入居）することが可能である。海と山の幸などを生産する各地域の特性を活かしたい。さながら海に浮かぶ船のように。いざ津波が襲来した際には、慌てずに安心して津波を向かえる。それがこの構想の強みである。

このユニットはミニ・コンパクトシティ（Ⅲ-5-6、7／84〜85ページ参照）として構築可能な複合体である。米国では、スプロール化していた住居地域を中心市街地に引き戻す運動を行なって、都市をコンパクト化した例がある。その理由は、後背地の過疎化に伴ってインフラの維持管理費が人口数に見合わない情況になったことにある。行政の効率と市民サービスの観点から考慮した結果、後背地の戸建て住宅から中央に設けた集合住宅への移転を促したのだ。引っ越した住民は、日常生活の利便性の高まりを評価している。郊外に散らばっていた生活からコンパクトな街の生活に切り替えることで、安全も確保できたという。周辺地域に供給する公共事業にかかる予算を削減することによって、街の財政が軽減でき、税金のロスも少なくなったという。

スーパーユニットの内部は、ヒューマンスケールに見合った親しみやすい環境にすることはいくらでも可能である。そのやりようは、総合的調和を考えた合意性ある完成図を基本にしながら、各住民の趣味に合うつくりを実現することができ、また、個々の住戸部分については、色彩や材料の選択を可能とし、エンドユーザーの満足度を確保することができる。

このスーパーユニット形式は、世界の数少なくない同じような津波被害地域にも適用できることを望んでいる。日本でこれが成功すれば、そのノウハウの輸出にも貢献できるだろう。ちなみに、三角形は安定感と祈りの精神

図Ⅳ－７－３　エコ・スーパーユニットＣ（Ｂの展開案）断面モデル概念

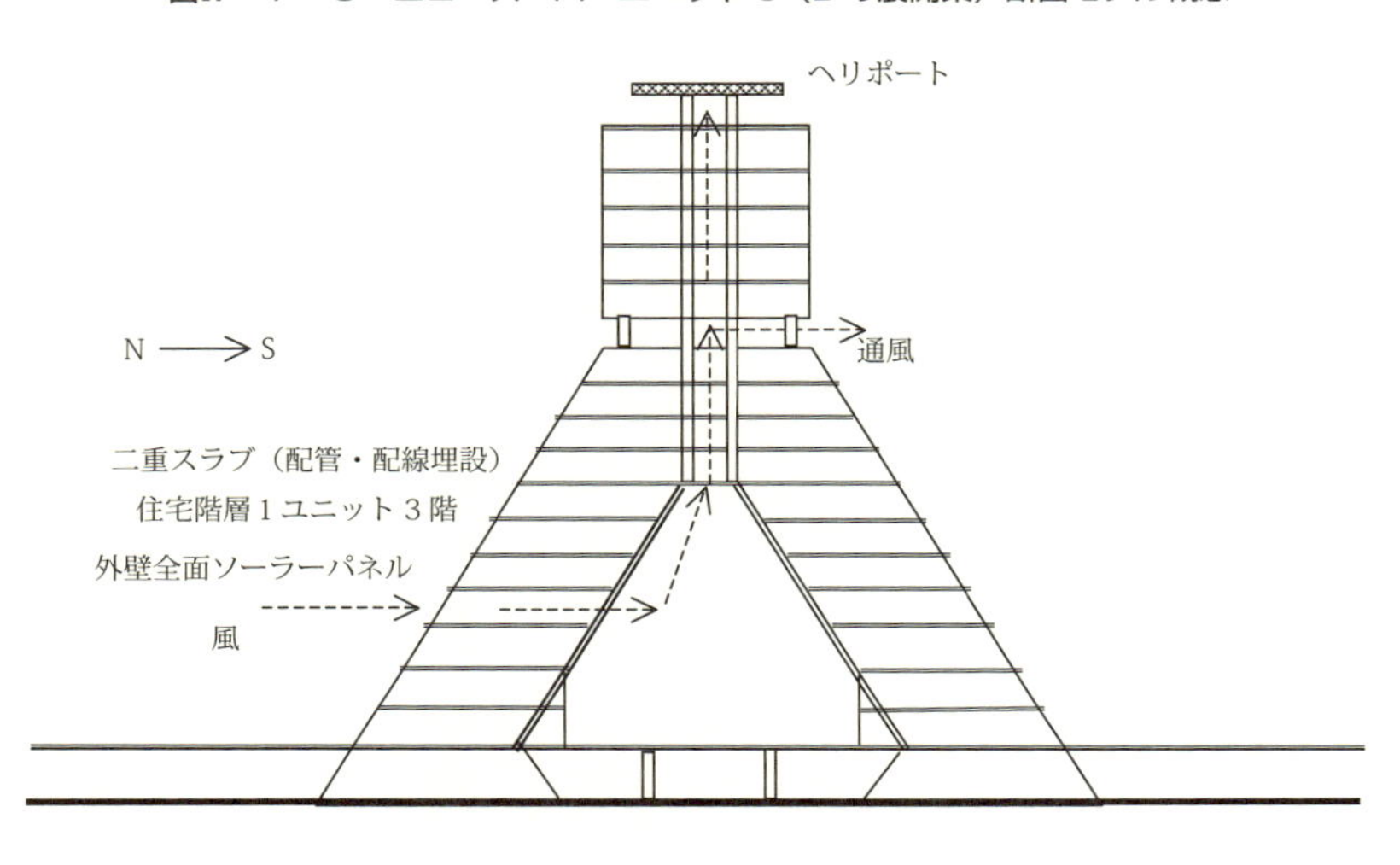

を表す形態ともいえる。

この断面形式は、アリ塚に原理を習ってサイフォン式空気流通を効率よく図ることができる。下層部から上層へ風が流れる。電力は自家発電方式（マイクロ風力発電、ポーラブル電池・パークレットなど）を補助的に採用可能とする。

❖津波に強い建物とは、スーパーユニット・タイプの建物を意味する。図Ⅳ‐７‐１は津波災害地域の最も有利な基本形態を示したものである。これは高層で強固な安定した構造体によって造られる。２０１１年3月11日の東日本大震災において、鉄筋コンクリート構造の建物は、一部特例はあるが、ほとんど転倒なり全壊破壊したものはない。つまり、地震動による影響よりも津波の力による影響のほうが大きかったといえる。幸いにして火災による被害は全体からみればごくわずかだった。

今日までの津波防災対策は、ほとんどが既成市街地を対象にしたものである。したがって、どうしても津波予防策の方法は限られ、防潮堤（防波堤）に頼るようになってしまう。しかし、今回の震災は南北４５０ｋｍにわたる太平洋沿岸の各市町村が、防潮堤を乗り越えた津波に同時破壊され、瞬時に家屋と住民が飲み込まれる災害にあった。街は、無残にも住宅の基礎だけを残し、更地となってしまった。この更地にどのようなマスタープランを描くか、その知恵の出しどころに立たされている。

◆コンプレックスビル（複合ビル）の規模を考える

各施設の規模は、利用人口によってそれぞれ過去のデータから推定できる。その係数を人口規模に照らして計算する。建設の過程では、人口の変動をにらみながら段階的に建設する方針を決めておく。むやみに進めることは、財政的あるいは経済的な状況から無駄を生じる原因になるので注意しなければならない。

高層難民にならないための一つの選択にコンプレックスビル形式がある。本論が提案するエコ・スーパーユニットは、この形式に準じている。住民が安心して暮らせるビルシステムとして有効だ。ビルの中には、自家発電設備、食糧・水・燃料・電池などの備蓄倉庫（60人：3日分：1ヶ所当り3㎡以上）を完備し、医療・福祉、保育、などの機能、あるいは雨水貯留槽、防火水槽などを確保し日常生活に必要な条件を揃え、災害時に備えた内容を整えておく。また、高齢者や身体障害者が移動しやすい動線計画に配慮するとか、勾配を緩くして安全で快適に昇降移動できる階段を設置し、津波から逃げやすい条件を備えること。いわゆるユニバーサル・デザインに配慮する。そして、時代の変化と要求に合わせて改修可能なビル形式を採用することである。

住民（市民）ができる範囲と国（国民）が支援する範囲を明確に決めておく必要がある。本論で提案するコンプレックス・ビルは、人工地盤構造体を国の負担で行い、内装などは居住者側負担とする方法である。負担責任範囲を明確にすれば、再建の目標が定めやすくなる。いわば、津波の中の人工島のイメージである。

独立性を重んじる自己完結型街づくりが、被災地の重要なコンセプトとして注目される。発電装置、廃棄物処理（ゴミ、汚物）、給排水設備、ガス、道路、鉄道など、都市生活の基盤になるインフラ整備は十分行う。街を構成するコンプレックス・ビルには、道路、鉄道の他、生活基盤の機能が備わっていなければならない。職場によっては、通勤はビル内の往復で済む。勤務先が海岸に近い所であれば、短時間で通え、体力消耗が少なく健康に有利。各住戸の内部は木質をはじめ自然素材を可能な限り使用して、居住者の快適性を確保する。駐車場もこのビル内に設置して利便性を高めることができる。

経済的な影響を極力避け、エコロジカルな循環型消費形式を重んじ、自立したビルを形成する。地下は海水の影響があるので原則として利用しないが、日常の雨水貯蔵庫は有効とする。この完結型ビルは、エネルギー使用の自動的コントロール装置を施し、集合化による省エネが図れる。安全対策としての誘導を可能とし、その調整機能が働くシステムを採用。同じ屋根の下で暮らす者どうしの共生精神を育む環境を醸成しながら、運命共同体を図る。そして自然環境を背景にした個性豊かな新しい街づくりを目指したい。

巨大津波による「事故」と「対策」は、いつの時代においても繰り返されるが、繰り返しは社会経済的損失となり、解決が早ければ早いほど無駄が省けるだろう。それには問題解決のための決断が重要だ。事故は忘れた頃やってくるというが、何事も忘れないうちに解決に向って前進させなければならない。鉄は熱いうちに打てということを肝に銘じたい。早いうちに思い切った大英断と実行力を発揮することが望まれる。忘却によって危機を救うことができないのは罪である。先人の英知が次世代を救うことは明らかで、歴史がそれを物語っている。以上の見地から、今回の津波事故を踏まえ、将来、繰り返し人命を失うことがない形式のコンプレックス・ビルの採用を念じたい。

少子高齢化時代に向け、高齢者と幼児者の施設をコンプレックス・ビル内に隣接立地させることは、これからの時代のニーズに適った選択といえる。高・幼近接型計画は、三世代共生の街づくりに寄与するだろう。人生の経験者から未熟者へと人の知恵や行動などを伝授するよい機会がそこで得られるのである。

Ⅳ-8　被災地再生のための参考事例（ラングドック・ルシオンと他の事例）

フランスにおけるすばらしい開発事例があるので紹介しておきたい。ネット wikipedia の記事などを参考にその事例を挙げておこう。

◆ ラングドック・ルシオンと他の事例

La Grande Motte LANGUEDOC ROUSSILLON （FRANCE）

海岸地域の開発として大変興味深い事例がある。この都市の母体は１９７０年代に始まった。その名はラングドック・ルシオン地域圏のグラン・モット（仏）という。マンションやホテル群と海岸・ヨットハーバーが１９８５年にほぼ完成。デザインモチーフとしては、安定感ある三角形を採用し、大衆向けリゾート基地開発を目指したものである。この計画については、「資料：石澤卓志著『ウォーターフロントの再生』東洋経済新報社１９８８年」に詳しく記述されているので引用しながらその概要を紹介したいと思う。

「太陽のテクノポリス」とも言われているラングドック・ルシオンは、プロバンス地方の西の地中海に面した蚊の多い沼地だった。北はモンペリエから南のスペイン国境までの１８０ｋｍ、幅約20ｋｍの海岸地帯である。面

表Ⅳ－８－１　都市規模の概要

県　　名		面　積 千 ha	人　口 千人 ( ) 内は2013年時
ラングドック・ルシオン	オード県	614	280（329）
	ガール県	586	530（665）
	エロー県　グラン・モット	610	710（971）
	ロゼール県	517	70（ 75）
	ピレネー・オリアンタル県	412	330（421）

積2，756，000ha（27，376k㎡／2013年ネット調べ）。フランス全国土の5%に相当する。そこに長期滞在型リゾート基地を計画した。併行して道路、港湾などのインフラ整備を行った。フランスは、国策として国民のニーズに応えるべく、ラングドック・ルシオンの開発を決めたのが1963年だった。当時はドゴール政権の下、第四次国家計画（1962～66年）の中核プロジェクトとして位置づけられていた。主要産業は、農業、造船、石油精製、鉄鋼、電子機器製造など。この地域の移住者が現在でも増加傾向にある。

計画対象5県（1963年時）の規模概要は表Ⅳ・8・1の通りである。

プロジェクト実行の組織構成は、中央官庁5機関、県知事5人、SEM（国と第三セクターの地域開発混合経済公社）4人総裁、によって「関係省庁連絡調整会議」（本部事務局はパリ、地方局をモンペリエに設置）を発足。独立予算をもって、計画は政府に提出し、国と地方公共団体の技術部門と調整を図りながら計画を推進した。「関係省庁会議」は、1982年12月に地方分権法に基づいてできた新組織であるラングドック・ルシオン整備混合公社に引き継ぐまで20年間続いた。

前記のSEMの内容は、エロー開発整備公社、ピットゥロア土地・沿岸域施設整備公社、オードゥ土地・施設整備公社、ピレネー・ゾリエンタール土地・施設整備公社の4社で構成された。役割分担としては、国が企画立案・監督を行い、ＳＥＭの事業は、「関係省庁連絡調整会議」と地方自治体によって承認された全体計画に基づいている。そして、許認可権者とＳＥＭとの関係は、委託協定によって定められた。インフラ整備後、民間ディベロッパーは、土地の払い下げを受けて、公共建築物以外の全施設を建設し、販売する。民間への払い下げ価格には金利を織り込まない方法をとった。民間資金は銀行借入（政府保証付）と政府の補助金で賄われ、民間の利益率は、所定の割合で抑制された。投資対象としては、道路、観光港湾、土地の埋め立て、植林、沿岸共用設備補助金、研究調査費、給水設備などが主要なものとなっている。フランスの地方分権化政策の進行によって、地域開発に国が直接投資することはほとんどなかったという。

開発に当っては、土地の投機を防ぐため、開発対象地の地価を政策的に凍結し、指定後14年間は、指定日の１年前の地価で土地を買収（先行取得権、先買権）できることにした。インフラ整備が終わった土地を民間に払い下げ、五つの区域で七つの観光基地となる都市の建設が競われた。七つの開発基地には、ホテル、リゾートマンションなど、宿泊施設40万ベッド、マリーナを20箇所、各種レジャー施設、そして植林６０００ｈａを整備した。七つの開発基地には別々の主任建築家が指名され、個性的、多様的な街づくりが実施された。主任建築家は、県議会の承認を得た上で、個別に「関係省庁連絡調整会議」（事業実施推進主体）と直接契約を結び、民間ディベロッパーからは独立した形で活動した。写真のピラミッド形高層建築の多いグラン・モット（次ページ写真）は、１９８５年の来客数が、夏季シーズンで10万人、冬季４１００人であった。担当した建築家はジャン・バラドゥールである。古代アステカ文明をイメージして現代に移植している。建築形態は、津波対策とは特に関係ないだろう。この開発によって観光事業を中心にサービス業や建設業などの雇用が生まれたという。ラングドック・ルシオン地方には、名門の国立大学や国立研究機関、そして文化施設もある。モンペリエを中心に先端技術産業の立地も見逃せない。このラングドック・ルシオンは、フランス地方経済圏の首位を占めている。

写真　上・下
フランス／グラン・モット

◆その他の事例

①　一つの建物がミニ都市を形成している事例がある。フランスのマルセーユにある「ユニテ・ダビタシオン」（住居単位：1952年完成、1600人収容可能）がその一つである。この複合建築は、ル・コルビュジエが発明した「モデュロール」というヒューマンスケールに則って設計されている。住居をはじめ、商業施設、公共施設、幼稚園、保育所などが内在していて、独立した一つの町として考えられている。屋上に幼稚園を設け、中間階には商店がある。

②　1957年完成のイタリアはミラノの「トーレ・ベラスカ」は、上層階が集合住宅、下層階が商業・事務所などの施設。職住近接タイプの典型で世界的に有名である。設計BBPR設計（写真　上）

③　人工地盤形式の集合住宅：横浜市竹山団地集合住宅／土地の有効利用を図る人工地盤には低層階に商業系施設が入居（神奈川県住宅供給公社・写真　左上）

④　JR上野駅／上部歩道橋から上野公園に向う（写真　左下）

Ⅴ章　復興の実施に向けて

Ⅴ-1　復興支援活動

先ずは復興の全体像を描くことからはじめなければならない。準備段階としては、組織的な取り組み方を早急に決めることである。震災後の復興に向けては、その必要事項を列挙し、進め方を検討しながら何をどのように行うか、また、同時にスケジュールを考えて全体の流れを想定することである。途中で条件が変われば臨機応変に対応することも必要だが、最初に決めた骨格を変えると混乱をきたす危険性があるので、その場合は事前の検討によって関係者間で慎重に調整を図らなければならない。表Ⅴ-1-1（次ページ）に示すように**「復興のための調査・計画・実施の流れ概要」**を参考にして進めてはいかがだろう。ただし、実際は、当該地域の実態に照らして組み立てる必要があるので、その点注意を要する。

表Ⅴ－１－１　復興のための調査・計画・実施の流れ概要

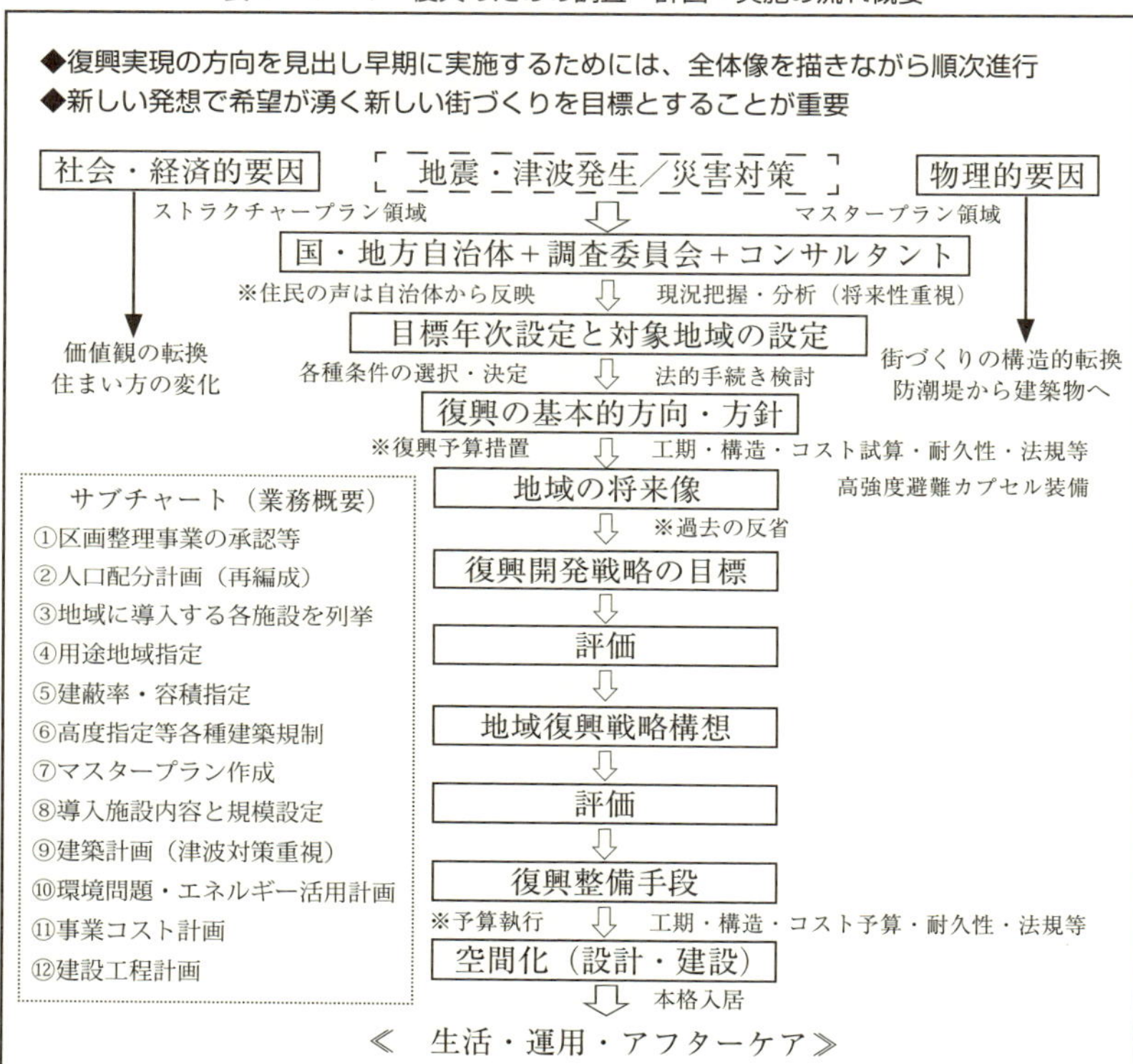

百年の計は一日にして成らず!!（初期段階で急いだ結果失敗する例は少なくない。可能な限りの範囲まで知恵を出し切ることが肝要。半年、１年、３年、５年、10年、15年、……といったタイムスパンで区切りをつけながら進めることになる。急ぐことも重要だが、急いては事を仕損じないようにしたい。

地域復活のためには、マスタープランの作成も必要だが、それには「ストラクチャープラン」の存在が前提となる。ストラクチャープラン（ＳＰ）は、マスタープラン（ＭＰ）を具現化するための前提条件。対象地域内の人口構造、各種産業、住環境、観光資源、集落などの開発形態を分析。ライフラインなどの過去・現在の状況分析とその将来動向及び需要予測の調査。社会・経済環境と基礎整備調査の結果によって、復興方法・内容の目標を明確化。１次目標年次として段階範囲を設定。何段階かの過程を経て実施。地域復興のための戦略的構想を複数策定して評価。複数のものから一つを選択するのではなく、常に代替案を備えながら比較検討して前進。社会的変化に対し柔軟的な修正が可能。その条件は、①復興事業推進状況の観察　②地域戦略に必要な長期的傾向を観察　③地域の重要な事項をその地域で発案できることを保証　④地域戦略の修正と展開を提案

以上、復興戦略構想の策定に柔軟的態度が必要。そのための行財政機構を組織することが重要。そして、マネジメント能力発揮のための体制づくり。

基本構想は、国の指針や夢を描いた情報をしっかりと把握して、それとの関連を注視しながら提案を示すことである。地元産業の再建には、外部投資家（株主など）を募る方法もある。県＋市町村＋生産者（漁業・農業・加工業・流通業など）が官民一体となって取り組むことが重要だ。漁業権の見直しも課題になり、日本の将来にむけた希望的制度を開拓すれば、復興に向け弾みがつくだろう。

ここに示す構想は、抽象的な姿であり一つの参考材料として見てほしい。復興対象地区を新しく計画するときのヒントになる概念を示している。具体的に災害対象地区を選びそこにマスタープランを描くことはいつでもできる。しかし、合意を得た前提条件の内容を把握しないうちに具体案を描くのは危険であり、誤解をまねきかねないので控えるべきだ。公共団体（行政）、専門家集団、民間企業、そして、何よりも住民参加が大事で、しっかりと地に足の着いた形で再建の基本方針を定め、その上で計画を推進するのが賢明である。本論は、そのヒントになる提案を行っている。

支援には公的支援と私的支援がある。更には海外からの支援が加わる。公的支援は基本的に国民の税金が原資となる。運用上、資金の流れは、国、県、市町村を経て最終的に利用者へ届く。ただし、各種条件や制限を満たす必要がある。場合によっては、条件を満たすための資料づくりに過大なエネルギーを費やし、事務手続きに時間と手間がかかり、煩雑になりかねない。ややもすれば不正行為が紛れ込み、とんでもない方面に利用されてしまうこともあるので、許可するまで十分な検査機能が働くと同時に、使用過程における追跡と漏れのないチェックが不可欠である。その他、公的機関からは、全国各自治体職員の派遣（事務系・技術系など）があり、被災地における支援活動に助力が注がれる。

一方、私的支援分野では、災害時に大活躍するのが、ボランティア活動である。自らの身をもって現地に出向き、被災者に寄り添った形で支援する姿には敬意を表したい。肉体的労働力の提供は多大な支援行為として評価されなければならない。また、民間企業・各種団体による金銭的寄付行為も大きな力となっている。寄付者一人ひとりの暖かい気持ちが莫大な援助資金となって集積され、その活用方法がどのような始末になっているかが問われることはいうまでもない。不正のない体制によって公平な形で有効活用を図ることが重要。平常時において、それらの実施方法を慎重かつ透明な形で運用されるよう、その体制づくりに努めなければならない。同時にそのことが、社会的常識として人々に理解され、周知徹底する手立てを講じることが大切で、それらを公表することも義務付けたい。

◆プランナーの活用

復興計画を実現するためには、プランナーの役割が大きい。プランナーには、主としてフィジカルな側面から提案する「デザイン先行型」と、調査・分析を基本にして理論的な視点から提案する「研究充実型」、そして区画整理事業および行財政制度を重視する「官庁主導型」の三種が考えられる。なお、プランナーの仕事としては、主に左記のような事項があげられる。

①都市空間の将来像の提示とそれに伴う諸施設の空間的配置提案。
②事業主体・開発方式・資金等、将来像を実現化するための提案。
③スケジュールの管理（主体別・事業別・地区別）方式を提案。
④都市形成のための戦略・戦術の提案

以上は、相互にまたがった総合的な取り組みになり、時間経過とともに柔軟的に見直し、調整しながら進めることになる。そのプランナーには次のような組織がある。①国・県のプランナー、②自治体のプランナー、③大学研究室のプランナー、④都市計画事務所のプランナー、⑤民間ディベロッパー、⑥融資機関のプランナーなどが存在する。

V-2 被災地特区設定の必要性

特区における開発は、超法規的措置で対処することになるだろう。例えば、某市がスマートグリッドの街づくりを掲げ、電力を上手に使う方策を組み込んだとしよう。それを被災者たちの勝手な要求や行動だとして抑制することは、不当行為に当たらないという意見がある。なぜならば、被災地の情況は、一個人だけで始末できる問題ではないからである。国をあげて取り組むべき事態であることは周知のとおりである。個人の権利は十分守られねばならないが、被災者が当該地を選び居住したことは、住民各人の都合であって、他者からの強制ではなかったはずである。だが、被害に遭った人々に対し国民的支援で可能な限り協力することになるので、住民は「勝手な言い分しか言わない」といった誤解を招くような状況にしてはならない。

被災者は従前の場所で再建できることを望むだろう。したがって、それを実現させるためには、先ずは住居が津波に破壊されない構造物で、持続的に存在するものでなければならない。「高台へ」という要望が少なくないが、その高台の対象地は、近隣に存在する山や丘のことをイメージしているようである。しかし、それはたやすい話ではない。権利関係など、複雑な問題をはらんでいる。

この災害対策は超法規的措置をとらないと進まないだろう。法治国家による事業の推進方法の基本は、当然現行の法律に基づく判断となるが、今回の地震・津波事故のような緊急事態には、それは馴染まない。現行法が優先し、その規制によって復興活動を遅らせるとか、新しい防災都市計画に支障を与えるようなことがあってはならない。なぜなら、人命を失い財産の消失を二度と繰り返さないための基本的条件を決めることになるからである。被災地は、土地や建物の権利関係が複雑な状態にあり容易に扱えるものではない。それが津波被災都市復興の障害になる可能性が高いことを認識しなければならない。都市計画法や建築基準法などによる規制や、諸々の個人権利が主張されれば、大所高所から判断した街づくりの将来計画が崩れてしまう危険性がある。災害を未然に防ぐためには、今後の生活にとって、安全・安心感が得られる都市計画の実現が望まれる。それは個人事業の力量でできるものではない。そこで考えられるのが、復興特区指定事業の導入である。２０１１年11月には、東日本大震災の復興事業に関する政府法案がほぼ出そろった。その中には復興特区の枠組みが定められ、そして、復興庁新設の法案も含んでいる。特区方式を活用して、市町村が主体で復興の実現に向け、事業が進むことを図っている。問題は、被災地の自治体がどこまで計画立案できるかが課題としてある。国、自治体、民間が一体となった協力体制を整えることが重要だ。

２０１１年11月時点の特区法案は、①規制緩和、②土地利用、③税・財政支援、④復興交付金で支援する事業の４分野を対象としている。市町村が提示した計画が認定された場合、新規立地する企業の法人税を5年間免除するとか、津波被災地の住民が、国の実質全額負担で集団移転する場合も、税の免除ができるようになっている。再生ビジョンの作成と住民の合意形成を果たすためには、専門的ノウハウの導入が不可欠となり、その道のりは険しい。しかし、歴史を振り返ってみればわかるとおり、関係者の努力によって必ず成功の道は開けるだろう。各自治体の復興特区担当部署の連携が非常に重要になってくる。連携プレーを活かすためには、本論が提案する東日本ダイナポリス構想を取り入れるような仕組みが有効であろう。各都市の情報が漏れなくリアルタイムで入手することもでき、各都市の独自性と共通性をバランスよく展開させることが可能だ。災害時の協力体制も整備されるだろう。その結果、それぞれの町が個性を発揮して、各種産業の適正配置を図ることができ、経済的効果を上げることも可能となる。

所詮、法律は人間が作ったもの。必要に応じてそれを改定することは可能だ。被災地を復興させるためには、既成の都市計画法に準じるだけでは事足りないだろう。対象地域については、新しい規制を同時進行的に成立させながら、計画・設計・建設へと順次進めることが肝要だ。

被災地の街づくりには、各地域が所有するすべての潜在能力を駆使することである。経験と知恵を発揮し、あらゆる産業の参画を促したい。地域の歴史、気候風土、文化、民俗性などを尊重して実施計画を立案し、それを実現させるための協力体制が不可欠である。

街づくりには先ずもって開発条件を検討し、実現可能なビジョン作りに努力することだ。人々が将来像を描き、それを前提にしたすべての手続きを経て邁進しなければならない。その姿はマスタープランとかグランドデザインに示される。被災地救援のための各種制度を設けること。地元住民の立場を重視した計画とそれを支える活動が併行して行われることが必要である。何よりも被災者の土地家屋の権利保護及び財産評価を可能な限り有利に扱うことが救済の道を開く要因となる。震災後の路線価で評価することは、事業推進の障害となるので、評価は被災直前の記録を参考にしたい。そのことが住民にとって今後の見通しをつける上で不安を少しでも拭うことになろう。住民に早く方針を示さないと将来への人生設計を立てることができない。例えば、開発の大前提として被災地を国が買い上げ、早期に新しいプランを示して、等価交換などの手法に基づいた、安全かつ快適な居住システムを提供し、そこに住み変えてもらうことを誘導すべきではないだろうか。また、同意できない人々には、別の手立てをもって解決することも考慮しなければならない。

V-3　美しい街づくりと観光資源

無電柱・無電線で地歴を重んじる都市開発、すなわち、文化・風習・言葉・などの地方特性を活かした開発が重要。将来の人口密度を基本にした都市計画を立案し、少子高齢化社会を見据えた社会的ニーズに配慮する必要がある。

アクロス福岡　設計：日本設計　撮影・廣光 忠

震災地は街全体がすべて巨大津波にさらわれてしまい、従来の環境が破壊され、白紙状態におかれている。そこで新しい安全で快適な、そして豊富な自然をつくりあげねばならない。自然環境は、その半分を人間が育てるもの。それは歴史が物語っている。従来の環境を少しでも思い出しながら、新しいイメージを加え、今後の街づくりに役立てたい。バルコニー（テラス）に面したところを全面的にグリーンで飾ることを積極的に行う方法もある。ビル全体が、さながら人工丘のような様相の住まいにすることも夢ではない。

美観意識をもった街づくりがこれからの観光地には欠かせない要件となる。将来の観光資源づくりを今日実施しなければ新しい街は生まれない。「景観三法」を基礎に据えた街づくりを計画的に行うことである。被災地は旧来の街並み形態が失われた。今後は、顕在する街環境の延長線で景観計画を立てると共に新しい将来の街並みづくりに専念すべきと考える。なお、被災地域には、絶対してはならない原則がある。それは低層木造建築を認めないことである。もしそれを認めれば、将来再びやってくる津波の被害に遭い、悲劇を繰り返してしまうからである。その覚悟をもって新しい発想の下で復興に邁進しなければならない。各地域は広漠とした環境から脱して、ヒューマンスケールを意識した街づくりを目指してほしい。また、復興にはそれぞれの地域の歴史的素材や地形を活用し、文化産業などの特色を再構築して、それを助長させた街づくりが望まれる。各地域が競い合い、観光資源を利用した街全体を景観計画の指定地域として活かすことを期待したい。

V-4　将来的に持続可能な街づくり

先ず復興の基本的な方針（マスタープラン又はグランドデザイン）を作成して土地利用パターンの主な筋書きを描き、そのシナリオに基づいて順次事業を推進することである。

再建の一つの方法としては、次のことが考えられる。基金（ファンド）を設け、全国から参加者を募って土地を取得してもらう。先ずは資金集めを先行させ、被災地の全面的建築禁止区域を設定する。管理は当該市町村当局（民間組織支援必要）に委託し、緑の管理保護などを行う。そして一坪運動として一口数万円を募る。被災地住民と全国投資家とが一緒に旅行しお互いの認識を深める。そうすれば地方物産の流通、各種産業との交流が活発になり、ひいては経済的活性化にも繋がる。良質な海の幸、山の幸を他の地域へ移出でき、相互の思いを交わしながら復興に役立てることが可能。さらに、震災による津波事故を教訓にして後世に引き継ぐことができる。その他、地震多発国日本、津波被害国日本の全国的キャンペーンを実施する。

被災地の、特に低層住宅地域の従来の航空写真をみると、あまり目立った緑地の存在は確認できない。都市計画が従来どのようになっていたのか、それは現在知るよしもない。東北の人々はかつて都会に労働力を提供したが、現在はUターン現象を起こしている。生活様式も現在はすでに都会の集合住宅の住まい方にかなり馴染んでいる。あるいは、教育過程における生活習慣は、昔の様式とは異なった状態にある。今後は世代交代を繰り返し、更に生活様式は変化していくことだろう。したがって、地方の漁村だからといって、必ずしも住いは低層建築である必要はない。外部空間の公園緑地などを増やし、外気に触れる生活慣習に馴染む健全な街づくりに目標を定め、復活の成果を示したいものである。

時代の変化と人々の要求の変化に応じて柔軟的に対応できることが持続可能な街づくりの基本である。注意すべきは、インフラを中心とする津波災害防止都市の基本方針を変更することは得策でないという認識である。その骨格となる固定条件に対して、時代の変化と人々のニーズに応じて柔軟的に変更できる領域がある。二つの領域には、一線を引いて区分しておく必要がある。基本方針を固めるまで時間がかかっても、将来の安全性や経済的効果を考えれば、その時間は決して長くはない。歴史的な転換点に立った今日、実現可能な将来を展望することである。

少子高齢化時代に向け、その社会背景を十分考慮して、計画を練る必要がある。地球温暖化による問題、省エネ対策、資源の有効活用、などを考えれば条件は複雑である。21世紀の時代に相応しい街づくりを目指すことが、東日本大地震地域再興の大きな課題でもある。成功すれば、世界的な先駆者となり、同じ条件を抱えている外国のお手本になるだろう。そのノウハウは、有効活用される。

次に、持続可能な街づくり条件について、ソフトとハード面の概要を示す。

(1)ソフト領域は、維持管理方式、経済性考慮、後世の負担軽減、安全・安心の確保、コミュニティー形成と維持、美しい街づくり、観光と街の発展、など

(2)ハード領域は、都市計画の変革、道路内埋設管・電線の地中化、コンパクトな街づくり、エネルギーの省力化、建物の耐久性向上、機能的老化防止、リフォーム可能な構法、躯体（S）と附帯部分（I）の分離と一体性、時代のニーズに合わせた改造可能な建築システム（リユース可能性・用途変更）、など

V-5　防潮堤（防波堤）から高層建築へと予算をシフト

本論は、津波対策費の使い方の再考と転用を促し、最も安全な策である避難ビル形式のエコ・スーパーユニットに投資することを提案している。

防潮堤は津波で破壊された。この際、防潮堤から防災ビル化へ転換することを積極的に検討し、実行することを推奨したい。防潮堤は必要最小限の規模に止め、場合によっては全面的に見直し、海浜の自然環境を回復させる。「津波対策」イコール「防潮堤」の発想転換を図り、建築的構造物で安全・安心が確保できる方向へシフトすることを願うものである。

防潮堤にかけたコストが、どれだけ有効だったかは、一概に評価できない。しかし、仮にその予算を建築的な構造物にかけたらどうなるか。次に工事費の概算を示してみよう。

住宅単位1世帯3人と仮定して計算すると、都市人口4万人の場合、約1・33万の住戸数となる。たとえば、1棟500戸のマンションであれば、26棟が建つ。1戸当り3,000万円の住戸の場合、1棟が150億円（500

戸×3千万円）でできる。単純に1，200億円の防潮堤の予算をマンションに当てはめれば、8棟が建設できる。これは人口12，000人の都市に匹敵する。人口1人当りに換算すれば1千万円ということだ。26棟（人口4万人）の場合、3，900億円となる。実際には人口4万人が一挙に全部対象になるわけではない。全体の30%が対象になるとすれば、12，000人である。そうなると、防潮堤投資額と同等の1，200億円で賄える。この試算は、ものの考え方を意味するものである。ちなみに、津波による犠牲者の数は、3・11震災で約2万人であった。したがって、防災ビル建設に当てたほうが、予算の使い方としては、人命救助に有効な方策といえよう。さらには、災害時に発生する仮設住宅や諸々の救援費用の削減、そして何よりも災害が心身に与える障害を防ぐ要因となる。

Ⅴ-6　復興集合住宅はSI方式を採用

Ⅲ-2「将来更新可能な建築システムの導入」（64～66ページ）で示唆したように、被災地の再建には、このSI方式の採用が最も有力視される。過去には関東大震災後、同潤会アパートが、日本の近代建築における集合住宅の源流として長年にわたって活用された。住民のなかには何代も住み続けた家族もいた。その年齢層の厚さがそれを物語っている。そのアパートは近年まで目いっぱい活用され、存在価値が高かった。この同潤会アパートは、関東大震災（1923年：大正12）の罹災者用に供給されたものであった。内装は新しい時代にマッチした洋風生活に対応できるデザインであった。和風生活がベースになっていたとはいうものの、内部構造は材料や色合いなど、和・洋の様式を自由に選ぶことができたのである。

ところで、東日本大震災の被災地では、どのような住宅が供給できるかが問題となる。そこで左記のような開発方式を提示してみたい。

事業費は、基本的にスケルトン（S：人工土地）を公的機関が負担し、人工土地としての権利を保持する。次にインフィル（I）は民間事業で行う。入居者はSを分譲で購入するか、借地権を取得するか、どちらかを選ぶことができる。利用権を得たオーナーは、I部分を個人の都合によって自由に間取りを計画することが可能。インテリアを計画・設計から施工までオーナーの自己責任で行う。いわゆるスケルトン渡し方式を展開する。Sは堅固な構造体となるためコンクリートの無機質系で築造。一方、防火区画で区分されたIの内部は、不燃、難燃性のものを使うことが基本だが、内部は可能な限り木質系等有機質材を使うことができ、住居としての快適性を確保する。

本論で提案するスーパーユニット・システムは、大規模構造体の人工地盤（土地）によって成立する。津波被災地域の建物は、全てこのシステムで築造するのが最良の解決策と考える。これは一般的な土地購入と同じ感覚で取り扱われるようにしなければならない。現在のマンションの賃貸も分譲も基本的には同じような方式である。

人工地盤の使用は公営と民営に大きく分け、棟単位で公か民のどちらかが運営する。公共性の強いものには、公が運営し、住宅等個人性の強いものは民が行う。いずれもIの部分は、使用者が自己責任で計画・設計、施工を行うこととする。

自然の風・光の通る窓の大きさと配置、ディテール、気密性、断熱・結露防止、窓の仕掛け、開口部大きさ、開閉さ、などは五感に優しい仕様を採用すること。省エネ形式を重視することはいうまでもない。現代建築は密閉型でビルのなかの室内気象条件は、人工的な機械力による処理が主力になっている。外壁を二重スキン形式の建築もあるが、現在の高層建築は安全性を考え、外壁は嵌め殺しの窓になっている。そのため自然（風・光・音など）を取り入れるには窓まわりの工夫が必要。嵌め殺しだと空調が止まったとき夏は熱射病になってしまう恐れがあり、冬よりも危険性が高い。冬は寒いが、着服すればしのげる。設計のプロセスにおける配慮を十分行うことが肝要。気候風土、歴史、地理的条件などに配慮し、地場生産可能な建材の発掘や民俗造形の探求によって、当該地域のユニークな建築形態を創りだすこともでき、復興事業にとって将来貴重な観光資源となることを意識して取り組むべきである。

ＳＩ建築、すなわちスケルトン・インフィル方式は、構造体系とインテリア・設備系を分けて建設する。中国ではマンションなどが一般的にこの形式で建設されている。このような耐久性能の違うものを分けてつくる方式は、長寿命建築の原則である。この方式は住まい手が自分の好みを適えることができる。また、各住戸の床下空間を十分とっておけば、メンテナンスが容易になり、築後の経年変化に対して修理や改造がしやすく、経費削減につながる。人工地盤（スケルトン：長期寿命）の中に木造家屋（インフィル：短期寿命）を組み込んだコンクリートと木の家の混合空間となって創造性豊かな家づくりができる。

この方式を採用するには、民間投資を積極的に採用し、事業の発展を図りたい。国家予算に頼る計画が目立つが、復興には民間の力を活用することも重要だ。災害復興は数十年を目標にするのが一般的だが、短期間で処理する部分もある。その理由は、被災者が当面の生活に最低必要な部分があるからだ。

また、「スケルトン」の管理者は、公的機関が担当し、長期維持管理を保障することが必要である。そして、「インフィル」は公・私に問わず利用を可能とする。権利関係は、人工地盤（スケルトン床）を借床権とし、内部の借床権者が自由に活用整備できることとする。その他スラブ分譲といった扱いや区分所有としての扱いも考えられる。ただし、管理は公的機関が中心となって行う。

特に共有部分は公的機関の管理領域とする。廊下、エレベーター、避難階段などが対象になる。この形式は「防災ビル」マンションといった新しい概念を形成するのも一案。以上のようなビル形式を活かすためには、水の供給は欠かせない。それは街をネットワークで構成する高置道路内に共同溝を設け供給する。高置にあるから津波によって地中の配管が破壊することなく、断水が極力避けられる。また、ビル内には備蓄倉庫を適材適所に設け、水、食料3日分を備え、60人分が保管できる3㎡程度の倉庫を各階に設置する。さらに、電力は1週間以上賄える自家発電供給システムを装備して、エレベーターの作動も可能にする。その他、排泄処理方法や避難ビルとしての機能を備えておくこと。そして、屋上にはヘリコプター発着場を設け、救急のための備えをしておく。日本の高層建築の免震や制振構造など、その研究成果は世界一といえよう。しかし、残念ながら未だ津波に対する対策導入は十分でないのが現状である。超高層ビルは，地震と風に対する強度は確保されていて、そのノウハウは蓄積されている。これからは津波対策ビルの開発である。津波常襲地域において救世主となるＳＩシステムの採用が望まれる。

Ｖ-７　高置道路と救援体制

津波の際、外部からの救援隊を要請しても動きがとれないのが実態である。そこで有効なのが自己完結型ビルシステムである。緊急発動しなくとも、震災時にビル内では大きな混乱がなく、一定期間過ごすことができる。同時に必要なのが、都市基盤の確保とアクセス対応である。ビルへの供給手段として重要な動線が機能しなければ

図Ⅴ－７－１

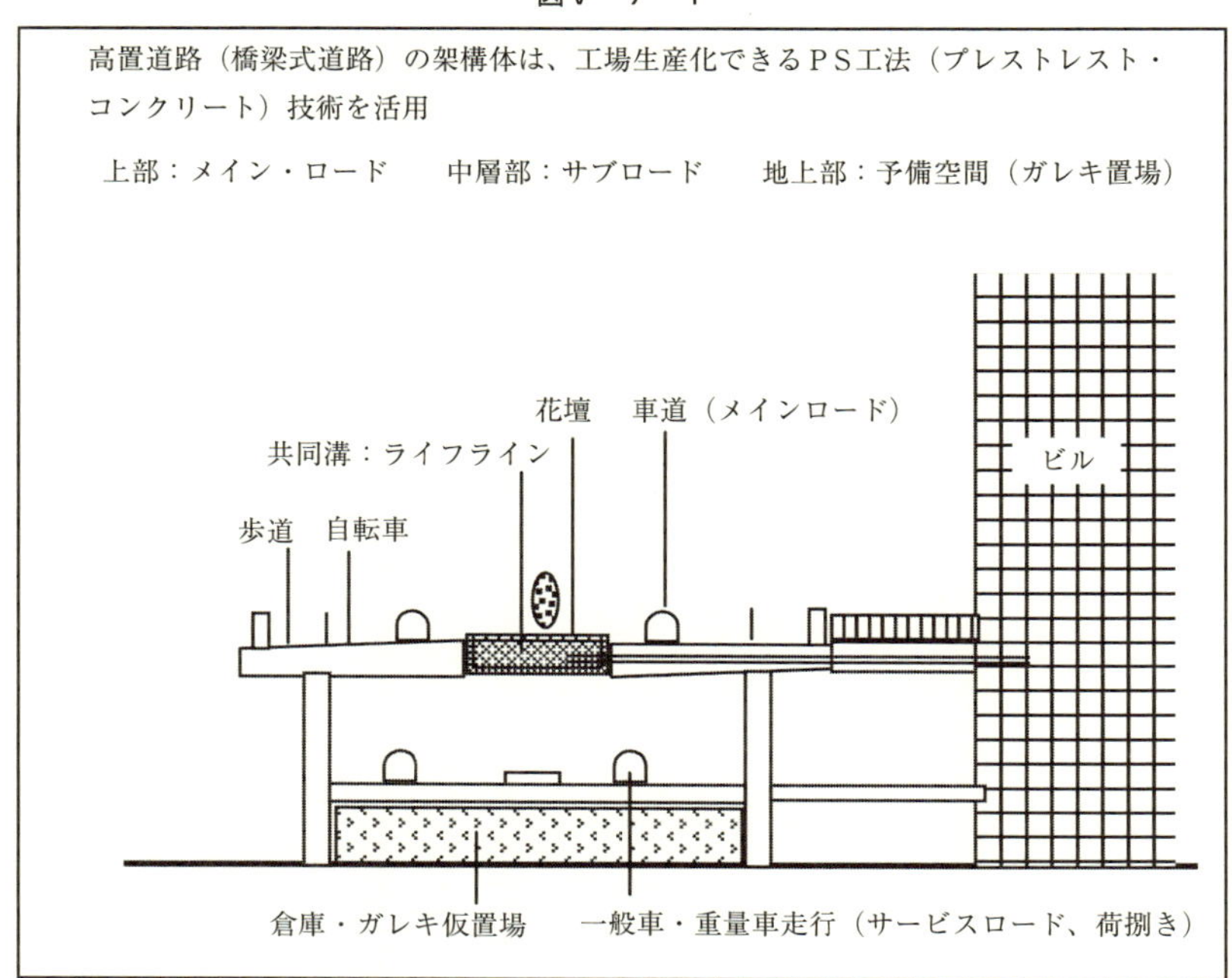

ば人命に支障をきたすだろう。それに対応できるのが高置道路だ。

救援隊が容易に活動できる高置道路には、日常生活に必要な各種インフラ装置を設置する。将来再び津波に遭遇し、低層階から発生したガレキ類があっても発生量は極小となり、復旧のための機動力を発揮することができる。高置道路には，共同溝を設置し、フレキシブルジョイントによってインフラ機能が切断されずに稼動できる。水道、電気、電話・通信、ガス、排水、などは無事に機能する。仮にダメージがあっても復旧作業は容易だ。工事の初期費用が高くとも、被災後の始末にかかる費用を考えれば格段の低減が図れる。

街の景観は、従来と違って電柱・電線がなくなりすっきりした景色に変わる。安全性の問題も解消できるだろう。したがって、防潮堤に費やす予算をこの高置道路システムに移行させ、津波に強い高置道路の建設を実現させたい。結果的に総予算も軽減でき、大きな利点となる。防潮堤は必要最小限に止め、建築的解決方式による安全と良好な景観が確保できる予算措置に改変することである。

高置道路のレベルは、過去の津波の実績から想定して決めることになる。その高さは現地の事情に合わせるので各地域によって異なり一定ではない。したがって、各地域の地理的特性と津波被災記録を基にレベルを設定する。海抜から何メートルの高さが適正かは、十分な現地調査によって決まる。ちなみに、本論で示す高置道路（図Ｖ‐７‐１）の高さは、ビルの５階床高に合わせて、そのレベルを当該地表面から約20ｍとした。

また、高置道路は、街の発展とともにネットワークの範囲を広げるもので、一挙に街の全体を高置道路が先行して覆うものではない。避難ビルの設置にともなって、それに付随した形で順次行うことになる。資源利用できるガレキは、高置道路の下部にその場所を設け、中間貯蔵施設として活かすこともできる。架構体は、生産性と品質性に富むプレキャスト化によって、短期間で完成する工法を選択する。

某市の復興計画をみると、津波対策のため海に向って街の断面が閉鎖的になっている。海岸線を道路と防潮堤で盛り上げたベルト状の土手が遮断しているのである。海岸の良好な景観が、砦のような防潮堤によって閉鎖的な環境になってしまい、街の生活に潤いを失うことになる。

日本の街がきれいにならない主な理由は次のようである。①電柱、電線が景観の醜態を招く。②街中に見るポイ捨て現象。③街路樹増殖と雑草の手入れ。④建物の景観やデザインの不統一性。⑤街づくりの監視体制の不備。⑥看板の規制。⑦住民の行動による快適で安全の確保。⑧観光地のポテンシャル向上と維持管理。

Ｖ－８　震災地域の電力供給ネットワーク

電力の供給先は二つの方面が対象となる。一つは一般家庭であり、もう一つは生産業である。電力供給量が総体的に減るならば、今後の生活様式や生産システムを改革しなければならない。現代社会は電力なしでは暮らせない状態になっている。従来の電力生産方式を変えれば、今までの社会的仕組みを変えることができるだろう。電力は国民生活を支える最も重要な資源である。家電機器をはじめ、工業生産のエネルギー源としてマイナス方向へ転じることは至難のわざである。

電力を自立分散型供給方式（自給自足方式）で行えば、或る都市で事故があった場合、近隣の各都市に発電所があれば、電力供給を融通しあうことができる。その結果、電力生産が調整でき、無駄のないバランスのとれた電力消費が可能となる。例えば、自治体（県・市）と民間（ディベロッパー、金融、メーカーなど）の共同体で構成するＰＦＩとかＳＰＣ（特別目的企業）の組織化によって地域型発電所の設置が考えられる。被災地は人口3万から10万程度の都市が考えられるが、実際は各都市とその周辺の社会事情によって適正値を求めることになる。将来の発電用資源がどうであろうと、近年の電力は、「広域供給方式」で行われ、大量の電力を効率よく安定的に供給できる原子力が主力だった。

被災地の再建は、新しい街づくりのため、いわゆるエコタウン構想が浮上してくる。既に埼玉県などでは、県内市町村から数箇所を選んで、地域特性を活かした取り組みを評価して、その具体化を図っているようだ。今後、全国の各都市ではエコタウンについて、電力をはじめとするエネルギー問題（創エネ、省エネ）を中心に、検討

図V－8－1　自立分散型発電所の開発

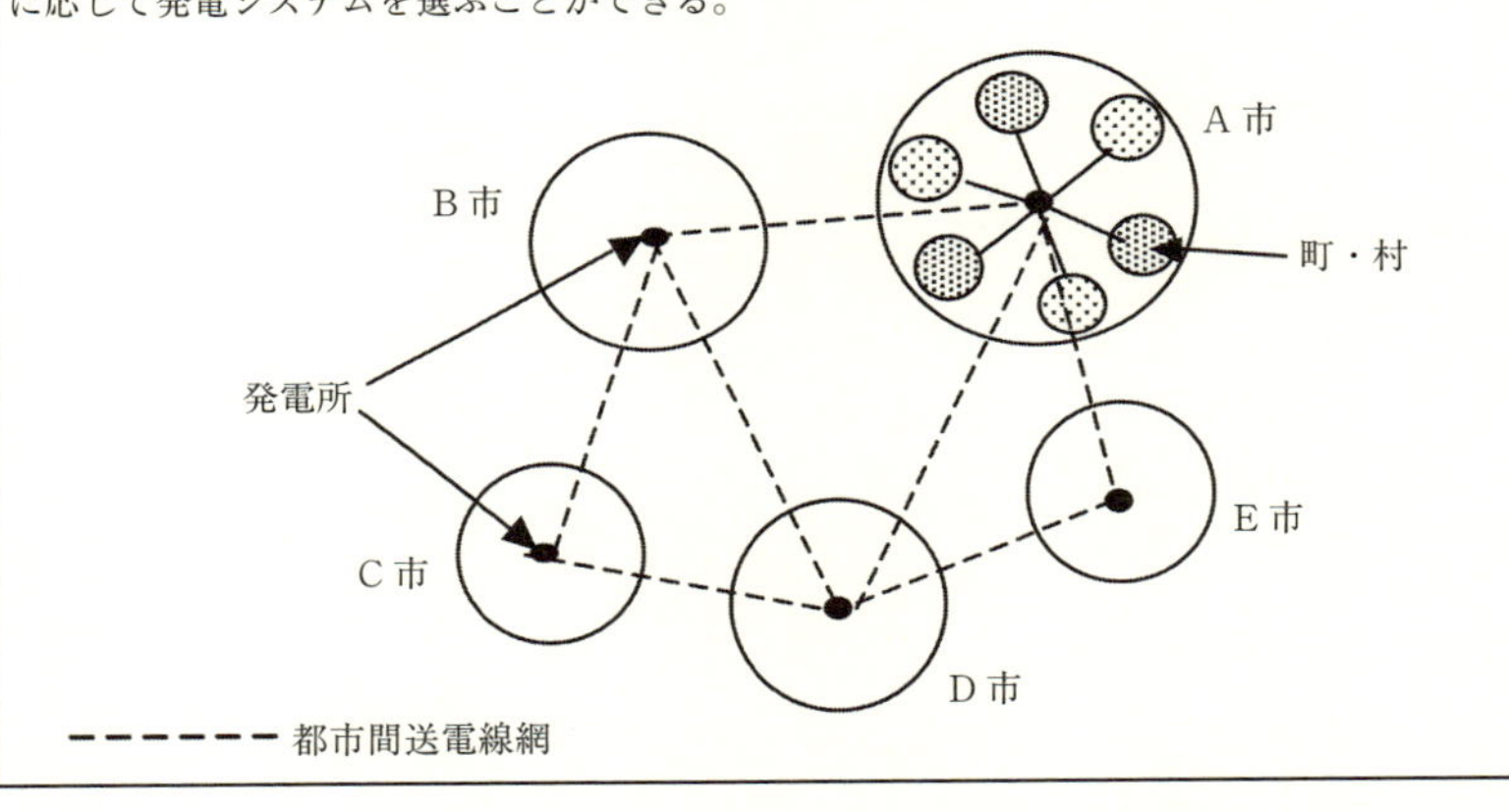

するところが増えるだろう。エネルギーの地産地消を推進することは、エコタウンの目的と合致するので注目に値する。

そこで次世代送電システム「スマートグリッド」方式を考えてみよう。「スマート」とは「賢い」を意味し、「グリッド」とは「電力ネットワーク」を意味している。このシステムは情報技術（IT）や効率よい蓄電池を活用して電力の需要・供給をバランスよく調整し、損失の少ない電力の流れを定常化するものである。

ところで、現在使われている電力網は、電気を遠方の大型発電所から送るので、その間の送電ロスが約5％あるといわれている。送電ロスは送る先の距離が長いほど大きい。その無駄を省くためには、各都市圏単位で小型発電所を分散配置し、電力発電側と使用側を通信で結び、需要供給のバランスを調整することが必要だ。これは災害時に電源確保する新しいシステムとして採用できる。また、新しいビジネスを創出し、雇用の促進に繋がる。

現在、電力供給の新しいシステム開発が各分野で進められていて、小規模電力基地から近距離一定圏域へ供給できる可能性は高まっている。また、完結型ビルに電力基地を設ける方法もある。有機太陽電池（ＯＰＶ）は、無機物のシリコン系太陽電池よりも軽量であり、その発電能力は日々改善されているという。

被災地域の各都市は、震災時に都市間の連携が重要になり、震災によってダメージを受けた場合の共助・公助体制を円滑に推進させる方法として分散型発電所の活用を図りたい。

Ｖ-９　ガレキ処理の重要性

東日本大震災で発生した災害廃棄物（ガレキ）は、環境省の推計（２０１２年）によれば、岩手、宮城、福島の３県の沿岸部で、計２３００万トンあるという。それを42都道府県（５７２市町村）が受け入れた場合、処理可能な量が年間計４８８万トンといわれ、単純に計算すれば、処理終了まで４・７年かかってしまう。焼却によって発生した灰の処理も、一部の地域では残留放射能のこともあって、大きな問題となる。果たしてそれが予定期間内に始末できるかどうかは、簡単な話ではない。

本論は、原則としてガレキを被災地内に留めるべきだという見解から、移動させることは考えない。なかには放射能汚染問題が運搬に支障をきたしていて、受け入れ先の住民が認めるかどうか複雑な状況にある。また、運搬途上の自治体の了解が難航したら、時間と経費も嵩んでくることは否めない。運送には費用がかかり、その負担は税金で処理されることになる。ガレキを全国にばら撒くよりは、被災地内で埋め立てるとか、記念の丘や防潮堤の一部に変容させるなどの方法を採れば影響が少なくて済むのではないか。また、ガレキには再利用可能なものもある。資源活用のために分別し、時間がかかっても有効活用することだ。地盤沈下地域のレベルアップにガレキを活用することも考えられる。

❖ガレキは大きく分けて三種類に分類できる。①「地上の木造建物、家具什器備品や自動車、バイク、自転車、電柱・電線、船舶などが破壊され流されたガレキ」、②「港湾・漁港内の養殖機材などの海中ガレキ」、③「田園地帯に残されたヘドロ・堆積物」である。これを産業廃棄物処理法に基づいて可能な限り再利用を図りたい。木材と金属類は分別して保管し、有効資源として逐次利用する。また、分別作業を初期段階から進めれば、結果的に経費削減ができる。

ガレキには膨大な量と多品目が混在していて、その処理には場所と手間（時間）が問題となった。アスベスト等の危険物混在には、十分注意を配らなくてはならない。また、特に注意を要するのが、被災者のご遺体である。身元確認を優先しながら、震災直後の混乱した時期には、その扱いを慎重にしなければならない。時間との争いになるので特段の配慮が必要だ。自治体の処理能力にも限界があり、不安な状況下で現場作業を進めることになる。

❖ガレキをベースにしてマウンドを設けた防潮堤。これは宮脇昭教授のアイデアである。そこには根っこがはびこる樹種や深根性の樹種を植える。また、各地域で昔から棲息してきた樹種を選んで気候風土に馴染んだ樹種も蘇生効果がある。

❖ガレキを使って築山をつくる。これを全国から津波対策基金を募って行う。公園緑化防潮堤として利用することも一案だ。義援金の一部を適用する案もある。

V－9－1　ガレキの集積状況

岩手県陸前高田市 2011 年 11 月 1 日

宮城県石巻市 2011 年 10 月 31 日

ガレキを活用した例としては、関東大震災時に造成した横浜山下公園がある。また、イタリアのミラノ郊外にあるモンテステッラ公園やドイツの生類保護公園などがある。当該地域で発生したガレキは、その地域内で処理することが原則である。余分な運搬費もかからない。発生地域それぞれの責任において取り扱うことは、合理的な話として評価できる。一般の廃棄物処理の扱いと同じである。

◆ガレキは圧縮して固形化

ガレキは諸々の資源としての活用を重視し、再利用について積極的に取り組む。ガレキの種類によっては土に帰る。密林の保全、高木防災環境の保持、そして、命の森の形成など、それぞれが有効に活用できる。その他、グリーンベルト、鎮守の森、浜辺の蘇生など、将来の世界遺産を目指すことも可能だ。ガレキのなかの90％は木質物であり、有機物として盛土に使える。ブロック状に固形化したガレキは、土を掘って地中に埋め、その上に土をかぶせ植林する施工法もある（図Ｖ‐９‐１）。ドイツのハンブルグでは、50年計画でマウンド造りを行っている。単なる土手、塚、松の植林では、防潮林として機能しなかった。それは根が浅い樹種だからである。数千年にわたって生息可能な樹種を選んではじめてその効果が発揮できるというわけである。

ガレキの処理方法として評価できる提言が社会基盤ライフサイクルマネジメント研究会と日本ＰＦＩ・ＰＰＰ協会によって２０１１年4月7日（日刊建設通信新聞）に紹介された。それを参考にした概念図を図Ｖ‐９‐２に示した。この案は巨大な盛土堤体を整備し、高潮対策や避難所の機能をもたせるのが目的である。工事は被災地の雇用創出にも貢献できる。高さ20～50ｍ、底部幅１００～２００ｍ、上部幅20～１００ｍ、盛土内部は遮水シートを施しガレキなどの混合廃棄物と高流動のソイルモルタルを混合して閉じ込める。その両脇をコンクリートガ

図V－9－1

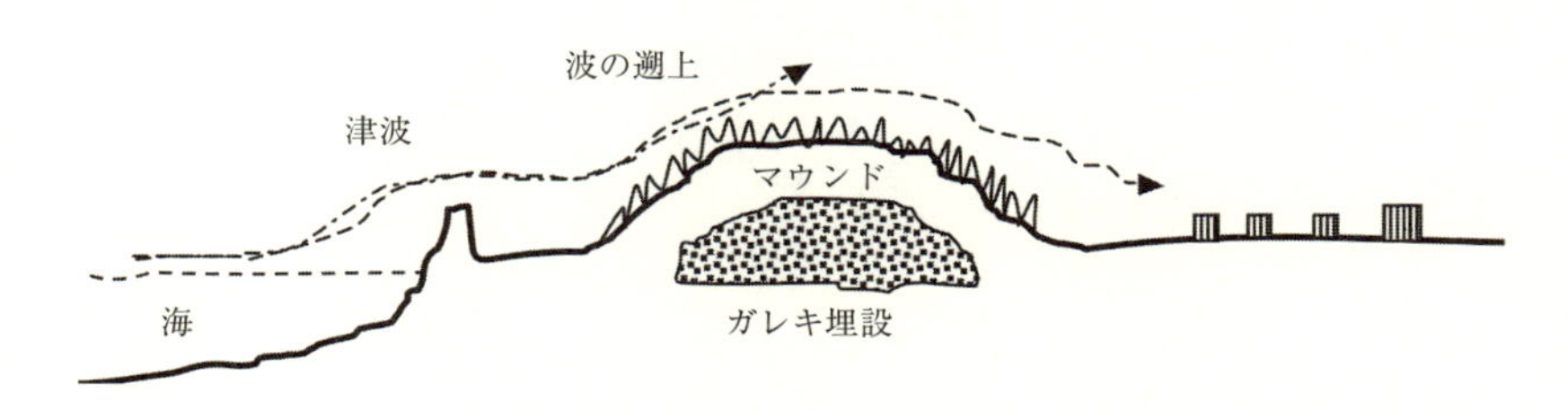

図V－9－2

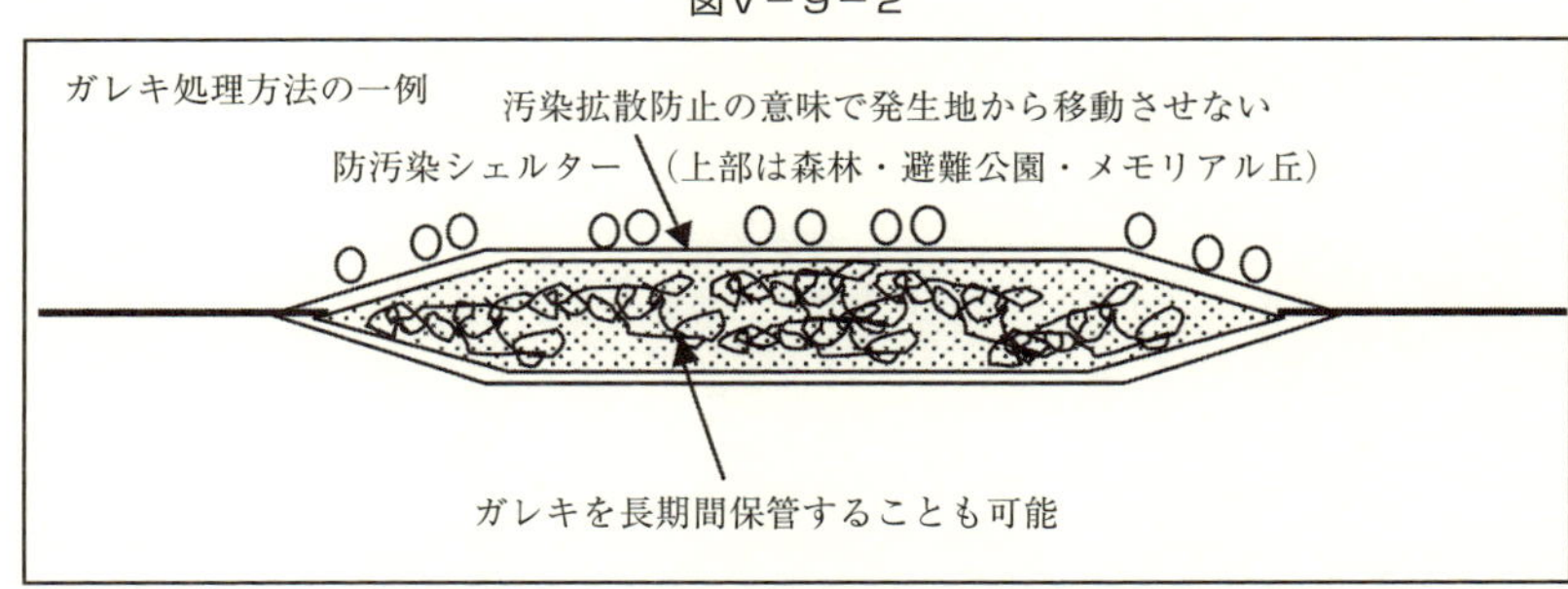

ラスと低流動ソイルモルタルのハイブリッド部材で固め、全体を土で覆い、盛土は緑化する。概算費用は1k㎡当り100億円程度。これも一つの有力なガレキ活用法といえよう。

◆ガレキで「メモリアル・パーク」を

ガレキを「森の命救山」に変身させ、震災の記念公園「メモリアル・パーク」を設置して、津波の恐怖と犠牲者の慰霊を記憶する場としていつまでも留める。災害は忘れた頃またやってくることを忘れてはならない。

海岸から約500m圏域が直接津波に破壊され、さらに内陸に向っては、津波に流されたガレキによって破壊された。これを参考にすると、図V‐9‐3（次ページ）のような断面が描ける。ガレキ発生を極力なくす街づくりが要求されるので、メモリアル・パークはガレキ処分方法としても有効。緑の山は、根が張る竹林や松林や草地などをガレキのベース上に配

図V－9－3　ガレキ処理方法と山林造成（第二の防潮堤）の概念

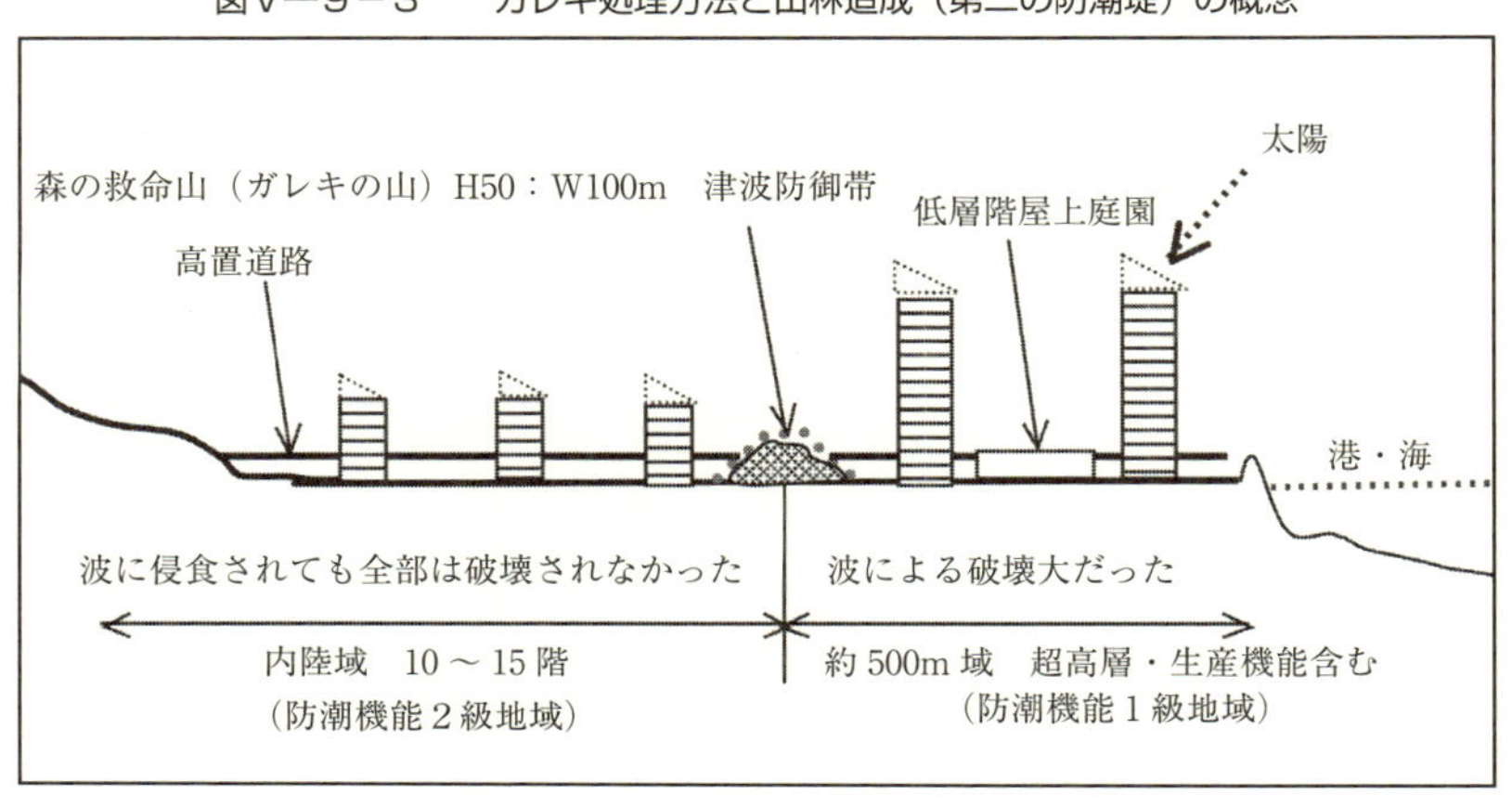

置させ、育成しやすい植物（シイ、カシ、タブ類）で緑化し、そこに記念碑を構えることも考えられる。

V－10　街づくりは段階を経て進む

街づくりは一挙にできるものではない。建設に必要な予算措置、技術的準備、都市計画・設計の準備、法的手続き、運営の仕組み、工事計画と建設実施準備、融資交渉など多岐にわたっている。したがって、必要条件を満たしながら進めることになる。規制緩和があっても、手続き上必要最小限の時間がかかることはいうまでもない。表V－10－1（次ページ）・図V－10－2（153ページ上）は、被災地復興のマスタープランを概念的に示したものである。実際は当該地域の地形条件をはじめ、社会問題等の諸条件を調査して、その地域に適合したプランが描かれる。高層住居系ブロックと低層業務系ブロックがあるが、単に用途規制を平面的に処理するのではなく、立体的に解決することを考えなければならない。いずれにせよ共通することは、住居スペースは、上層階に設けることを鉄則とする。そして、あるブロックには公共的施設機能を配置し、その中に文化的機能を組み込む。また、

◆被災地域施設構成の概要　　表Ⅴ—１０—１（順不同）

A　住居（立体集合住宅を中心）	L　宿泊（民宿リゾート、アミューズメント：娯楽等）
B　漁業	M　体育（屋内・屋外）
C　農・林業	N　商業　お祭広場、朝市
D　物流業（卸市場・倉庫等）	O　葬祭場等行事
E　加工業	P　公園・緑地（メモリアル等）　防潮林
F　各種製造業	Q　交通（道路・鉄道・バス・タクシー）
G　行政・公的機関	R　ライフライン（インフラ各種／供給処理施設：上下水道・自家発電／電気・ガス・浄化槽等）
H　保健・衛生・医療	S　ペデストリアン・デッキ
I　福祉（高齢者ホーム・保育・幼稚等）	T　防潮堤
J　教育（小・中・高校）	U　誘致施設（国際災害研究センター、芸術
K　文化（集会・映画・コンサート・演劇等）	

あるブロックは、産業を中心に入居する。そしてあるブロックは、教育、医療、福祉などを組み込む。いずれも津波に対する安全性を考慮して、過去に経験した津波レベル以上の高層部に施設を配置することを徹底する。緑豊かな環境の整備と道路交通の安全性を確保するためには、高置道路形式にして設置することが、新しい街づくりの基本的条件となる。

次は増設段階である。人口の変動を予測しながら居住者数を設定し、また、産業の進出・発展に応じて、段階的な建設を計画的に行うことが重要だ。

街の建物の配置構成はいろいろ考えられる。図Ⅴ-10-3（153ページ下）のアミ掛け色の部分を用途目的に沿って配置させる案もあろう。すなわち、①職住共同棟　②産業・生産・加工・業務・市場・金融　③行政・福祉④教育・文化・図書・各種ミュージアム　⑤医療・保健　⑥商業・宿泊・体育・憩い・遊興　⑦備蓄倉庫・保管・流通、などを棟別で複合的に配置する方法もある。これは地形条件に合わせて用途別に配置する方法である。

図Ⅴ―10―1　被災地再建の概念

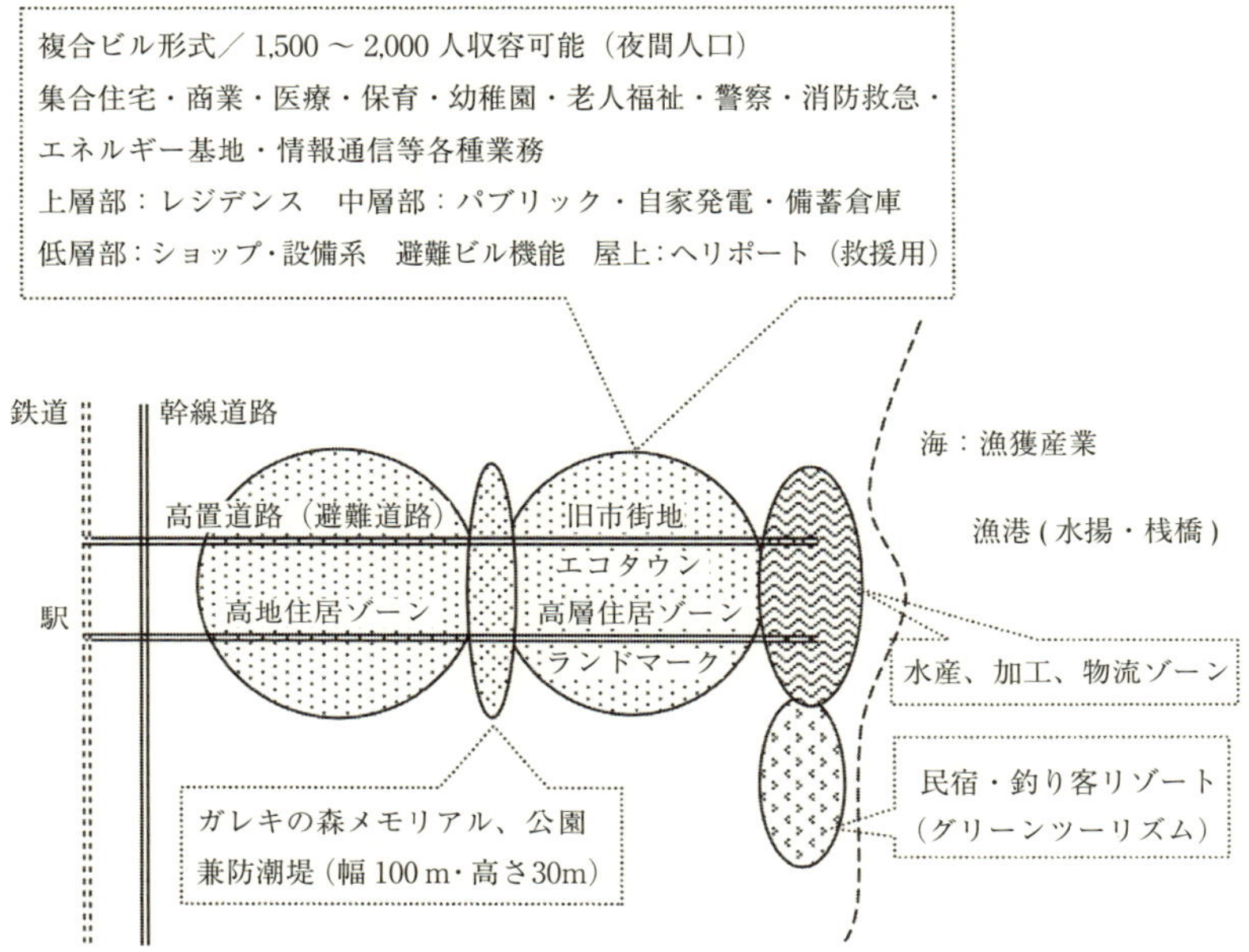

それぞれの規模は、街の人口構成や産業配置などによって設定する。なお、コミュニティー形成を重視した街づくりが基本となる。

被災地の豊かな海洋特性を活かした街空間を自然環境と調和させながら再開発を積極的に行う。住居をはじめ、物流研究開発、国際交流、レクリエーションなどの施設を複合的に立地させるなど、平穏化した被災地で利用可能な新しい空間を創出し、希望ある街づくりを求める。

ここに示す概念（図Ⅴ - 10 - 1）は、被災地を新しく復興させる一つの参考として提示したものである。現実には、具体的に被災地を選び、マスタープランを描くことになる。ただし、当事者間で合意された前提条件を把握しないうちに具体案を描くのは避け、誤解を招かぬよう配慮しなければならない。公共団体（行政）、専門家集団、民間企業、そして、市民参加による再建の基本方針を定め推進することだ。従前の権

図Ｖ－１０－２　都市のマスタープラン概念Ａ　集中と分散（防災都市システム）

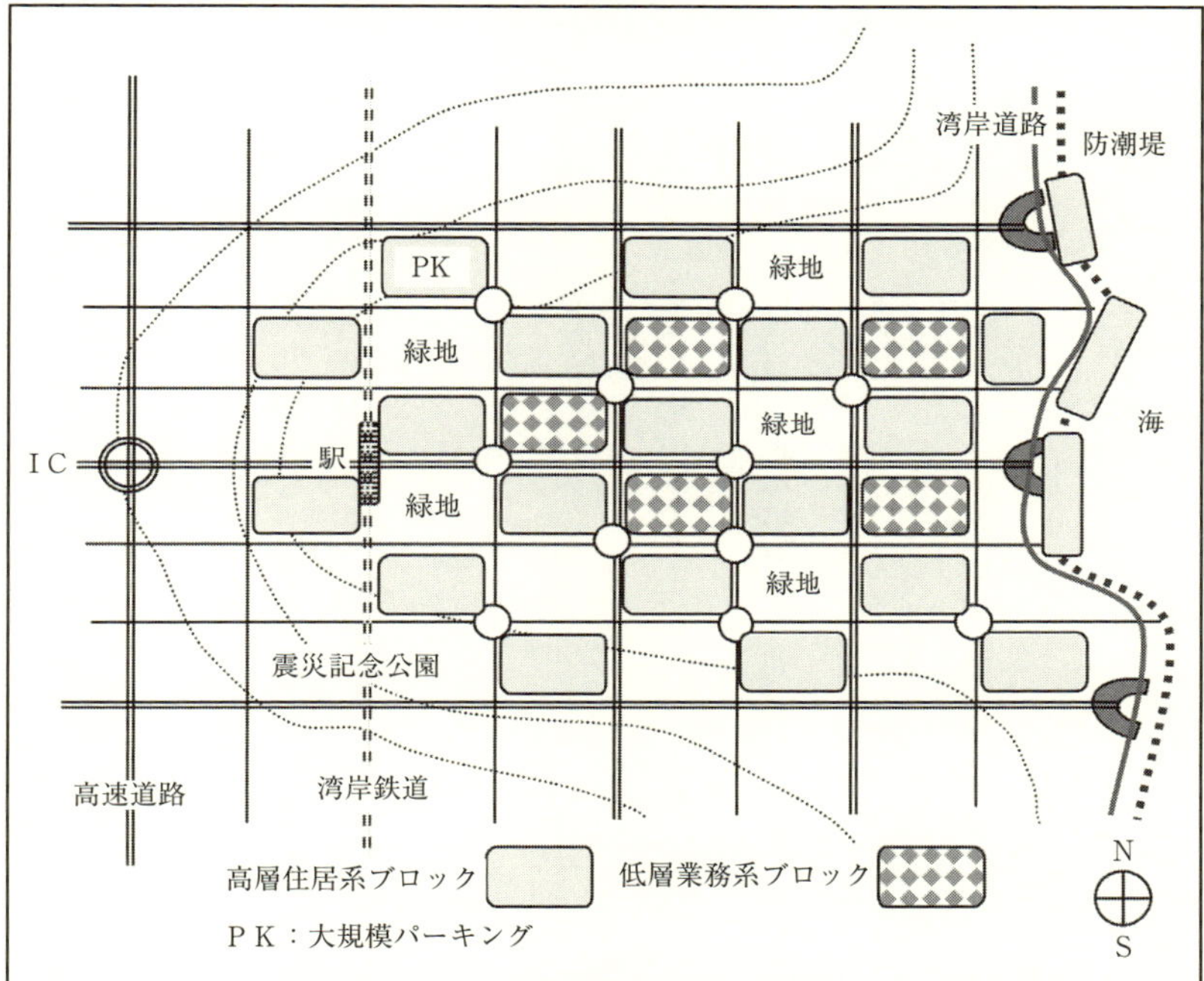

各ブロックの建設は、その市町村の人口や生産機能の規模に応じて展開する。第一段階：シングルタワー、第二段階：ツインタワー、第三段階：トリプルタワー、以下必要に応じて規模の増加を図る。

図Ｖ－１０－３　マスタープランン概念Ｂ　用途別の棟配置（アイソノメトリック参照）

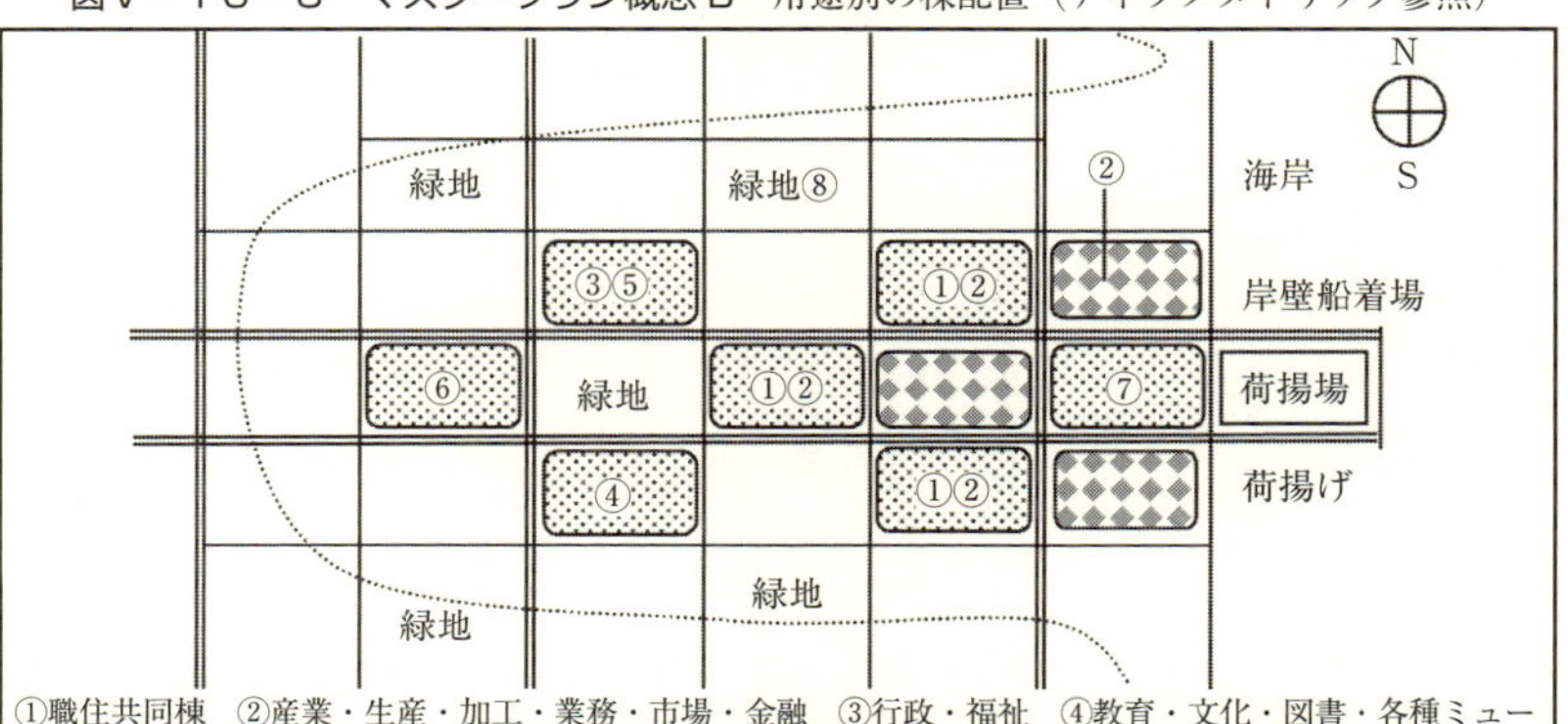

①職住共同棟　②産業・生産・加工・業務・市場・金融　③行政・福祉　④教育・文化・図書・各種ミュージアム　⑤医療・保健　⑥商業・宿泊・体育・憩い・遊興　⑦備蓄倉庫・保管・流通　⑧記念公園
※ 施設は、時代の要求に応じ段階的に増設される。当初は街の産業と人口構成によって規模を設定する。

利者が同意する方針を早く定めるべきである。

都市は立地する場所の地形によってその形態が異なり、内在する社会的、経済的性格も異なる。Ⅰ-1で述べたとおり、都市にはフィジカルな要素とメンタルな要素が混在し、息づく限り完璧な合理性を求めることは難しい。その要素を挙げれば、①所在地の性質、②当該都市の景観的性格、③地理的、地勢的環境、④気候的状況、⑤産業資源の存在、⑥流通・交通網の状況などが対象になる。重要なのは、住民の性格や社会的・政治的考え方、そして、地域の産業的・芸術的感覚と活動力などの情報把握である。また、当該地の自然環境が防災上の条件となり、都市形態に影響することを忘れてはならない。さらに、都市の運営に必要な機能を維持するためには、自主性と自立性が要求される。行政、産業、商業などの機能が、相互依存しながら同時進行で運営され、その機能の質と量の違いが各都市の特徴を現すのである。

◆新しい街づくりのシステムを創出

津波被災地域の道路等インフラ整備は、単純明快な平面形状を旨とする。街を構成する主要な構造体（メインストラクチャー）もシンプルな形状を選ぶ。これは、建設時における経済的合理性と工期短縮、そして長期維持管理するための的確なシステムとして活かされる。

古代から近世において、新しい街づくりは、道路線形が格子状のパターンで構成するのが基本だった。洋の東西を問わず多くの例がそれを証明している。日本でも16～17世紀において商業都市として栄え、「東洋のベニス」と謳われた堺市は、区画割りが格子状であった。その堺は日本を代表する国際貿易都市だったのである。堺は豊臣家が滅びた大坂夏の陣の戦災で消失したが、その後、再び格子状の道路形状を復活させ、現在の街並みの基礎を築いた。平城京の都市パターンも碁盤の目のような格子状だった。堺市の街路線形は城下町とは違い、商業都市としての市民の自由精神が表現されているという。

日本の街の道路線形は、雑然としたパターンが多かった。それは農地区画が自然発生的に造成されたことが原因したようだ。地域によっては、整然とした区画割りで整備されたところがあるが主流ではない。大小様々な農地が混在していたことが理由で、現在の道路パターンが不規則になっている例が少なくない。それは権利関係の影響で従前の道路線形に習ったものといえる。被災地の新しい街づくりは、根本的な見直しによる区画整理事業として推進することから始めなければならない。

街づくりシステムは、まず、道路などインフラの骨格を整備する事業が先行し、街の幹と枝のネットワーク化が根幹となる。その意味においてマスタープランづくりが最初に行われることを理解する必要がある。被災地の再建は、「区画整理事業」と「市街地再開発法」の合併方式を主な手法として採用し、その他の手法も必要に応じて参画を促しながら進めることになるだろう。

津波が襲来時の海水は、海からほぼ直線的に陸に向って流れ込み、丘陵に跳ね返された海水は海へと引き返す。その海水の動きに対して逆らう壁面があれば、そこに海水の圧力が働き、その強さは想像を絶するほど巨大で、その破壊力は侮れない。今回の災害では津波という海水力によって、大地に顕在した建物はガレキと化した。したがって、再建する街は、海水の圧力に十分耐えられる構造体でなければならない。津波発生時には、海水に逆らわず無駄な抵抗をせずに、流入した海水は大海に戻す考え方（受け流し方式）を基本理念とすることである。街は生きもので、成長するとともに人々の志向性によって変化する。それに対しフレキシブルに対応できることが、津波常襲地域の街づくり再建の原則となろう。スケルトン・インフィル式建築づくりの根拠がそこにある。

Ⅵ章　東日本沿岸地域の都市連携を図る

本構想は、この地域が今後連携をはかって相互扶助的行動ができることを想定し、その名を「東日本ダイナポリス」と名づけることにした。真の意味は、太平洋沿岸東北地域の各都市が災害時に協力し合って対処できるとともに、各地域の産業発展を目的としてネットワーク化することである。それは地域全体を一つの帯状都市として一体的に連繋して活動できる都市構想である。これはギリシャの都市学者ドキシアデスが提案した理論からヒントを得たものである。

東日本大震災の復興計画立案に際して、ダイナミズムを取り上げて考えることは重要なことである。超法規的扱いが不可欠なことから、新しい時代の変化についていくためには、順応性に富んだ動向が必要となる。まさしく、東北太平洋沿岸地域は、「ダイナポリス」が相応しい地域だと考えた。過去に幾度も津波被害に遭いながら、それから立ち直ったのは、東北魂の底力が効をなしたからだろう。しかし、それはもう過去のこととして、今後の新しい街づくりに力を注がなければならない。今回の大震災を契機（機転）に大きく都市のあり様を変質させる努力をここで惜しんではならない。何よりも安心して眠れる場所に住むことを最大の目標として歩むことだ。

3・11の震災では、多くの犠牲者を出したと同時に、自治体の行政機関の場を失ってしまった。そして役所としての機能が発揮できなくなった。各種公的手続きには支障をきたした。岩手、宮城、福島の三県においては、庁舎が損壊したのが14市町村ほどあった。役所の町長をはじめ、職員が津波に流された事例もある。住民台帳などを津波で失い大きなダメージをくらったところも多い。

ダイナポリス（dynapolis）は、ダイナミズム（活力ある、動的な）とポリス（都市国家）に分解できるが、ダイナミズムには発展と自由が保障され、ポリスには時間の経過とともに歴史を語り繋ぐといった意味がある。活動と休憩（やすらぎ）、生産と消費、動と静、人と車などの行動を安全にし、職場と住居、商店、学校、役所、病院、図書館、文化ホール、体育館、道路、広場、グランド、公園などの施設が、適材適所に配置される計画の実現を期待するものである。ダイナポリスに従属する各都市は、自立、自己管理体制を主体的に行い、震災などの災害発生時には、隣接圏域の都市との相互救助、公助、共生活動の連携が図れることを目的としている。

Ⅵ-1　被災者の移住とダイナポリスの開発

単に安全な場所だと短絡的に考え、高台など他所に移住することは危険である。移住先の宅地開発だって簡単にできるものではない。新しく山を切り開けば必ず環境破壊につながる。切り盛りの宅地は一長一短があり、将来地盤沈下などの問題を引き起こしかねない。それよりも従来住んでいた場所を立体的な活用によって再開発したほうが賢明な選択となろう。魅力的な街づくりを計画し、それが実現すればそれに超したことはない。住み慣れた故郷に再び帰省することができる。また、魅力を感じた人々が新しく他の地域から移住してくることも考え、街づくりには将来的な発展を考慮しておく必要がある。Uターン現象を再び甦らせ、計画的人口増を図ることを目標に設定することである。東北地方のもっている海の幸をはじめとする食文化を発展させ、居住性を向上させることによって魅力ある地域づくりに貢献する可能性も高まるだろう。

人々が定住できる社会を形成するためには、人々が求めるあらゆる条件を満たすスペースが不可欠である。寝て起きて料理して食事して、そして働く（生産する）ためのスペースが必須となる。そのスペースとしては、大地の替わりに人工的な技術を駆使した構造物が創造できる。つまり、人間生活にとって基盤となるすべてのスペースをいち早く用意することは、被災者の生活にとって喫緊の課題であるということだ。それに応えるため早期に方針を決めて実施することが求められる。このような事態に際しては、個人—家族—近隣地区—村—町—市—県の各領域（テリトリー）での連携行動が重要となる。なおかつ、隣県同士の連携行動も臨機応変に活発化することである。それは災害を少なくし、復興を早める要因となるだろう。個よりも複数で行動すれば文殊の知恵の成果が生まれ、あるいは相乗効果が上げられる。互いの特異性を発揮して支えあうことが、大きな効果をもたらすので、住民をはじめ関係者の関心を高めたい。それを実現させるための組織的手法として「ダイナポリス」都市システムを採用し、それを組織することが考えられる。地方の時代に向けて、都市国家的指向を目指すことも一つの選択として取り上げたい。

東北三陸地方は、農林漁業をはじめ、各種製造業が活躍していたが、この震災で大きくダメージを被（こうむ）った。風光明媚な観光資源もあり、その事業が早期に復活することが被災地の励みになり、生活の糧となって前進する一要因となるだろう。住居、職場、文教、体育、レジャー、などが有機的に連携できる街づくりをダイナミックに展開し、目標を定めて苦難を乗り越え、夢を目指して将来に向った生活ができるような環境を早く整備しなければならない。ダイナポリスの根幹は、連携を図るための動脈となる鉄道、道路、通信網（ＩＴネット）を整備することが基本的条件となる。その基盤整備は津波に犯されない構造体で構成されることが重要だ。気軽に被災地からの移転や移住を提言することは危険である。果たしてそう簡単に移住先が見つかるだろうか。それよりも被災地を計画的有効活用するほうが賢明である。当地は過去の実績から予測して、同じような地震・津波災害がやってくることは否定できない。かといって当地から逃げ出すことは賛成しかねる。新しい都市開発を積極的に推進し、心機一転して将来に向けた生活を推し進めるべきだと考えたい。従来の空間スケールと違った形態になっても、災害から逃れことができる安全な方法を選んだほうが、今後の生活に安心がもたらされる。子孫のためにも絶対そうすべきである。木造低層住宅方式から脱却することをお勧めしたい。次に開発の主な目標を記しておこう。

①秩序ある発展を計画的に開発する都市づくり

②交通及び通信情報ネットワークを動的に活発化させて、各都市がダイナミックで密度の濃い交流を可能とする都市づくり

③自助、共助、公助の基本方針とその行動を重視する都市づくり（東日本大震災地域の隣接都市が、協力体制を整え、災害緊急時に都市相互が連携して力を合わせ、早期の復活にとり組むことができる都市形成を図る。復興都市には、新しい研究所、オフィス、開発型工場、研修施設などを配置させる案もある。海、川、山、森林の循環による環境重視型地域計画を基本に、街づくりを推進させる）

◆ダイナポリスを可能にさせる要素

国立公園をはじめとする太平洋沿岸リアス式海岸の各地公園の景観を一連の観光地として繋ぎ、連携させる動きは既に始まっている。それを復興促進の要因として活用すればダイナポリス形成の一要素とすることができる。青森県から宮城県にかけての太平洋沿岸部自然公園は他に類をみないほど素晴らしい景観を誇っているところで、それを再編する「三陸復興国立公園」を2013年5月に誕生させている。岩手から宮城には「陸中海岸国立公園」があり、青森には「種差海岸階上岳県立自然公園」が存在している。また、宮城県の「南三陸金華山国定公園」、「気仙沼県立自然公園」、「松島県立自然公園」などが加われば、ますます一連の観光地に成長することは確かだろう。環境省は、青森県八戸市から福島県相馬市にかけて約700kmの地域を自然遊歩道(みちのく潮風トレイル)として整備するという。このような計画が実現すれば地域の連携が不可欠となることは確かで、災害時も相互連携を図り、復興に向けた協力体制をとることができるようになるだろう。

三陸沿岸地方には既に7つの自治体（青森県八戸市、岩手県久慈市・宮古市・釜石市・大船渡市・陸前高田市、宮城県気仙沼市）の首長で構成された組織がある。1983年に設立した都市会議で、県域を越えた広域連携を図っている。これを母体にしてさらにダイナポリスへ向けた発展に繋がれば本論の意図するところである。また、1952年に設立した三陸地域地方都市建設協議会と称した岩手県大船渡市、陸前高田市、住田町、及び宮城県気仙沼市の首長および議会の議長で構成された連携組織が存在する。

Ⅵ - 2　東日本ダイナポリス構想の実現に向けて

街を再建させるには、以下のような要件を前提にして復興を図る。ただし、各都市の社会経済事情に応じてその他の必要事項が発生するので、これが全てではない。①都市は成長する生き物（魅力と人口増）である。②時代の変化に順応（動的）する。③地理的（場所性、地形）条件で変化する。④経済力で成り立つ（起業支援と産業発展）。⑤健全な財政運営（病気防止）を行う。⑥民俗性を中心に特異性を発揮（気候風土を活かす産物の成長）する。

１９６０年代、戦後の発展とともに「東海道メガロポリス構想」が大きく取り上げられ、日本列島経済圏の中枢となる開発が進められた。太平洋ベルト地帯と称して京浜―東海・中京―京阪神（首都圏４都県、東海４県、近畿６府県、全１４都府県）とそれに隣接する県を対象に、将来日本の中枢都市として開発されたのである。東京と大阪の巨大都市間距離は６００ｋｍ、その間に人口10万人以上の都市が平均33ｋｍの間隔で顕在していた。その地域に日本の政治、社会、産業経済、教育、文化、などが次々と開発されたのである。交通動脈となる東海道新幹線が昭和３９年（１９６４）オリンピックの年に開通した。また、同時期に東名神高速道路の運用がはじまった。

以上のような国土の変化を筆者は思い出しながら、東日本大震災に関する復興のアイデアとして本構想が浮上してきた。今日まで東北地方の都市連鎖機能を発揮すべく構想がどれほど取り上げられてきたかは定かでない。3・11の震災を期に、この地域の将来の姿を根本的に見直し、積極的な発展方向を見出すことはできないだろうか。

そう考えると、かつて実行してきた東海道メガロポリス構想がイメージできるのである。それをヒントに東北被災地域を考えるとき、青森―岩手―宮城―福島―茨城―千葉の太平洋沿岸地帯が対象となる。特に岩手―宮城―福島の3県においては、被災範囲が大きく、その事態は深刻だ。したがって、それら3県を繋ぐ南北を軸にした連携を図ることが、復興を促進させる大きな鍵となるのではないだろうか。

近年における被災地の各都市の産業構造を調べ、地域の特性を把握すれば、住民が賛同できる種々な産業が必然的に浮上してくるだろう。加えて地域に馴染む新しい産業を更に誘致することも考え、地域の発展に寄与することを望みたい。農林水産業をはじめ、それらの加工業が盛んで、その市場もある。それに将来はリゾート、レジャー、福祉など三陸地方の地形や気象風土に見合った施設の導入が考えられる。

Ⅵ-3　東日本ダイナポリスとは

ダイナポリスは、時間の経過とともにダイナミックに変化する都市を意味している。地震が原因で津波が発生するわけだが、それは地殻構造が時間の経過とともに変動するという点で類似する。ダイナポリスは静態的な過去から現在、そして未来への動的変化に対応する姿をイメージするものである。

道州制など地方の時代といわれる今日、自治体としての独立性をさらに高め、いざという時には、隣接都市との連携、協力体制をとることが可能となる。それぞれが地域の特性に見合った特異な産業を極め、相互扶助できる社会環境を形成することを目的とする。ローカル同士の相互連携が図れる地域社会システムをつくり、災害時に協力体制を図る際の機軸になる。被災都市の自治体が、平常時は個々において独自の行動をとり、非常時には隣接都市が相互協力して相乗効果を上げることができる。

ダイナポリス成立のためには、土木・建築界のコラボレーションによるスーパーストラクチャー（サブストラクチャー）、あるいは、メガストラクチャーとなる架構体の開発が基本となる。先ずは、マスタープランを早期作成することが先決だ。そのためには再興させる街（都市）の骨格となる産業等地域特性重視型の街づくりを推進することである。各都市は連携を図り、連鎖機能を発揮し、相乗効果を促進させる。従来、過疎化傾向にあった地域であるが、住民の生活基盤を定着させ、外部から新しい企業、団体などを多数誘致させ、定着人口を増やし、地場産業を活かした街の発展を遂げたい。

Ⅵ - 4　東日本ダイナポリス構想のイメージ

各都市（地域）の特性（個性）を活かし、それぞれが連携できる自助・共助・公助の相関関係を形成。コミュニティーづくりや社会経済的相乗効果を高める開発を目指すことは、これからの国土づくりに重要な課題として扱われるだろう。東日本ダイナポリスを実現すれば、人口減少や少子高齢化時代における将来の地域づくりにとって有効な方策として活かすことが可能だ。人口減少の社会では、住民生活の質を維持しながら、地域の発展のために開発マネジメントを向上させなければならない。昨今の異常気象がもたらす自然災害や地殻変動による地震のリスクを解消する街づくりが急務であることはいうまでもない。したがって、各地域の地形や地勢に適合した都市計画及び建築計画は、魅力的で持続可能なデザインが求められる。

東日本津波被災地域5県の連携を図ることは、地域再生のための相乗効果を増幅させる要因となる。各市の環境、歴史、産業、民俗性、地域の文脈などを引き出し、それらを助長することが将来において地域の発展を促し、地域開発のお手本として世界に名をとどろかす大きな引き金となるだろう。そのためには、ダイナポリス的発想を用いることが最良の手段であるといえる。交通（道路、鉄道）、電力、電信（ネット）、送電線、発電所も県単位でマネジメントできる分散方式を採用し、いつか再来するだろう災害時に備えることができれば毎日が安心して暮せる環境になる。それは都市の減災を目標においた解決策ともいえる。

各都市間を連結させる連鎖都市、すなわち、各都市の臨機応変な連携プレーは被災地復興を促進させ、将来の発展につながる。これは某都市において災害時ばかりでなく、何らかの機能の障害が発生した場合、隣接する都市が即座に協力なり支援できる体制を設けるという仕組みである。地方の時代が叫ばれている今日、東北太平洋沿岸地域の都市を有機体として成立させることは、将来にわたって地域振興のためにも有利になるので、その実現を期待したい。これは道州制の準備段階の構想といえるかもしれない。各都市を結ぶ手段としては、鉄道、道路、通信、電力などのインフラストラクチャーがあり、それは都市の動脈的機能を果たすだろう。特に電力は、各県単位で発電供給基地を設け、ローカル送電の形式をとれば、送電途中の電力ロスを少なくすることや支障が起きた場合の供給支援体制が比較的迅速に対処できる。地域のネットワークを活用し、日頃から情報交換を密にして行動すれば、無駄なく効率を上げることができるだろう。これは送電システムの革命（小割り分散型発電所の連携で災害に対処）とでもいえようか。

都市は多様性、複雑性、相関性において柔軟的に対応できるばかりでなく、機能的、心理的な面における配慮が要求される。経済的手当てはそう簡単ではない。しかし、密度の濃いしっかりした計画であれば誰もが認めざるをえない。また、日本の技術的能力は、今日まで築いてきた経験とノウハウの蓄積によって、その力をフルに発揮できる。そうなればなお一層の充実が図れるものと考える。

Ⅵ - 5　東日本ダイナポリス構想におけるネットワーク

ここでは抽象的な形で表現するに止めたい。なぜなら、この段階で具体的提案を行っても、それは画に描いた餅と化するからである。それでは意味がないので、リアルなプランを示すことはかえって危険と考えるので触れていない。実際は自治体等関係機関が検討を重ね、目標値を掲げた上で前進させることになる。したがって、開発目標をしっかり設定し、関係機関が年次計画を立て一歩一歩前進させることになろう。そのためにはねばり強い意思が要求される。街づくりはそう簡単に進むものではないことを自覚しながら、将来にわたって何よりも安全な街づくりの体制を整備することである。

図Ⅵ - 5 - 1は、太平洋沿岸都市の串刺し状の連携形態を抽象化したもので、各都市の特徴とインフラ計画概念を示している。具体的には、ＡからＥの各都市の特色を尊重し強調させた開発を行うことが重要である。ここでは県域を超越して沿岸地域の各都市の相互扶助的連携を図るとともに、上位行政との関係も密接に行うことである。図中○印（クロス部分）は、輸送ターミナル、物流ストック基地などを示している。

図Ⅵ－５－１　連携都市の概念（串刺しプラン）

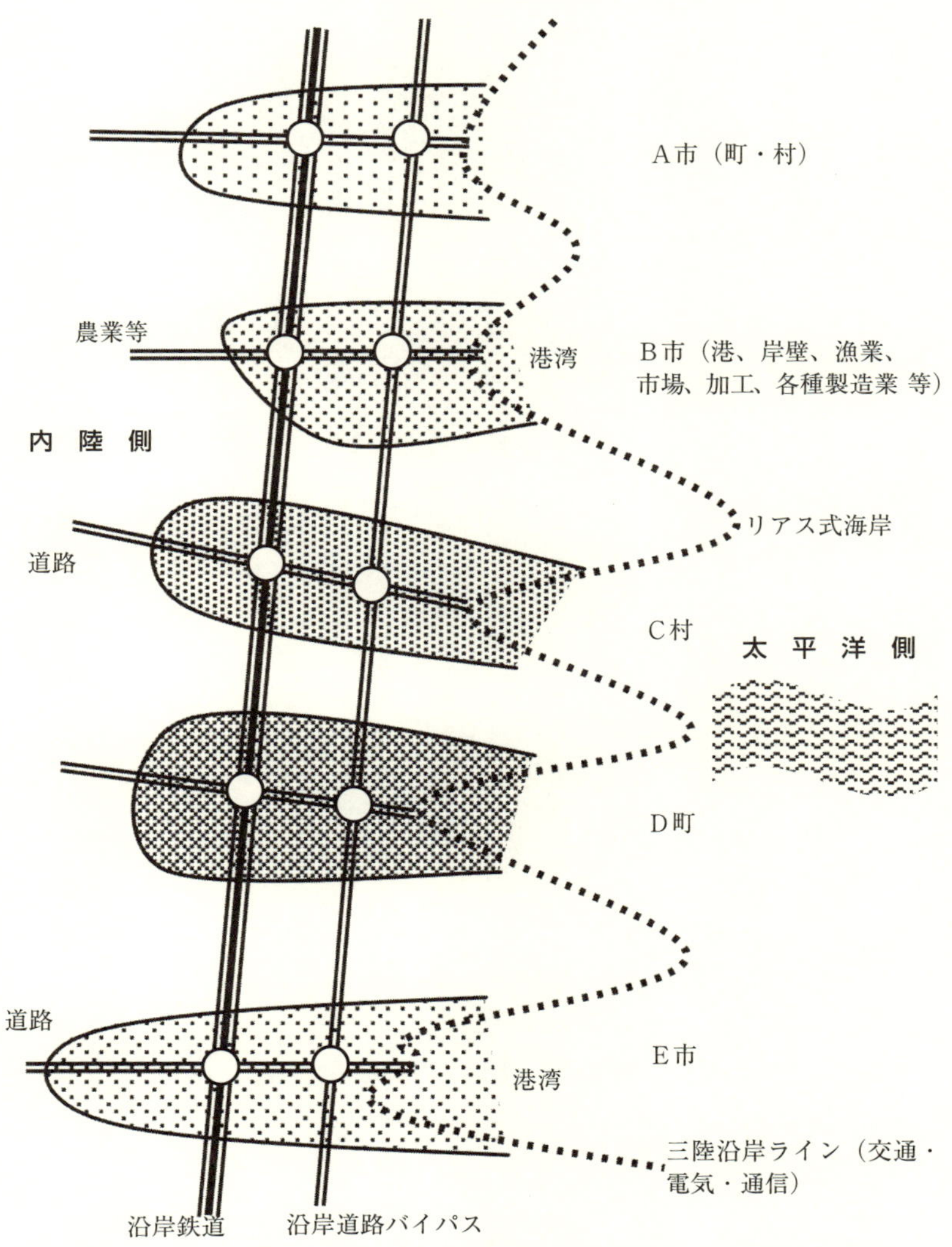

三陸沿岸縦貫自動車道（宮城県仙台市から岩手県宮古市を通り青森県八戸市までを想定）

Ⅵ-6 災害時における自助・共助・公助の連携行為を実現させる

減災のためには、自助・共助・公助の行為が大いに役立つものと考えられる。ところで、日本社会における自助行為が非常に弱いといわれている。自分の命は自分で守るということは、人生の最も初歩的な行為である。つまり自己責任が原則だという認識である。自分の命は人（他人）に預けてどうこうするものではない。自己責任は社会生活の根幹であることを日常的に自覚しておく必要がある。近年、日本人は問題が生じると、とかく他人に頼ることが慣習のようになってきた。何でもかんでも行政機関に問題をぶつけ、原因者が誰なのかなど不明のうちに行政機関に怒鳴り込む現象がそのいい例である。地震・津波災害の原因が何であるかをろくに追求もせずに、公的機関に頼ることがあまりにも多い。自助・共助・公助はまさしくその順番にあるように、責任の重度は自助からはじまることを意識しなければならない。我慢を忘れた国民になってはいけない。数日間を耐えしのぎ我慢する人間であることが求められる。そのうちに救援部隊がやってくる。むろん高齢者とか病人、そしてハンディのある人々にはそれなりの扱いで救援することは当然だ。自他共にどこまでが救援業務として必要なことであるかについて、日頃から官民が話し合っておくことだ。両者の合意ある内容をもって非常時の行動に当るルールを社会全体が認識することが重要だ。いずれにしても自立して急場をしのげる仕組みをつくることである。

また、共助であるが、社会生活は孤立しているわけではないから、地域ぐるみで安全対策について決めておくことが必要である。持続可能な社会を形成するための基本的条件がそこにある。学校通学時の近隣の安全対策や高齢者住まいの方々の救援など、様々な日常的行為が対象になる。それらを協力し合うことが住みよい街づくりには不可欠だ。それは災害時に迷わず避難を導くことができる大事な行為である。自主防災のための組織として活かすことが求められる。地域組織として定期的な防災訓練を行えば、その効果は必ず現れる。それを実現させるためには、住民組織と自治体との日頃からの密なる連携（コミュニケーション）が重要となろう。

次に、公助であるが、国や自治体の担当範囲はどうなのかを確認したい。災害によって住人が個人的な公的確認に必要な書類（住民票等）の発行など、公的機関の機能が麻痺することが考えられる。また、交通手段の被害復旧など、多くの問題が発生するだろう。被災者生活再建支援法の活用などは、公平さと公正さがバランスよく運用されるよう大所高所から監視する必要がある。災害対策基本法には、防災基本計画と地域防災計画があり、震災時の復旧・復興のために行政が行う手続きの基本となる。また、防災教育の義務付けが大切であることを十分認識してほしい。小学校から高等学校までを対象に災害時の避難方法とか地震・津波のメカニズムなどについての学習を義務付けることは、地震国日本に住む人々にとって不可欠である。津波による国家財産の消費は二度と繰り返してはならない。たとえ何十年、何百年に一度といえども、その時代のダメージは大きい。国家の浮沈にかかわる問題でもある。単に金だけではない。地球上で最も大切なのは、人命である。それを失うことは国家の人的資源を消失することに等しい。それは極力避けねばならない。

Ⅶ章　街（都市）再生の条件

復興のための諸条件や目標などをまとめると以下のようになる。

Ⅶ-1　再建する新しい街づくりの課題と対策

(1)人命救助を第一に考える（尊い人命と財産の保護）
①短時間で津波から逃避できる方法を大前提に考える（「**水平**」から「**垂直**」方向へ避難）
②高齢者や子供、身障者、入院患者などが津波から逃避できる方法を考える（住居の安全な水位高を確保）
(2)安全・安心・美観に富む街づくりへの誘導
①高層ビルでの避難を可能とする（低層階：物品販売や社交娯楽など商業機能、中層階：業務機能、上層階：住居機能などを配置）

②居住地から高台への移転は容易でなく原則として避ける（高台土地確保難、造成と環境破壊、造成地完成後の危険性）

③仮設住宅建設や避難場（体育館・学校・各種公共施設など）が不要で、復帰後は、災害に負けないで有効活用ができる構造体を造る。仮設住宅は建設及び解体で一戸当り約５００万円必要。仮設住宅の居住性は劣悪（建築性能不備、コミュニティー形成困難）

④職住近接の街づくり（海と漁師の生活圏域に配慮、農地と農家も同様）

⑤アーバンデザインと景観計画を重視（美意識の重要性、鳥瞰的、虫瞰的視点）

(3)住居空間の立体化と持ち家・借家の自由選択可能な技術的解決策

スーパーストラクチャー（巨大構造）は、メインストラクチャー（主体となる骨格）とサブストラクチャー（個々の住空間の内部造作）によって構成する。現代の建築技術が発達し、地震に耐える建物が造れる時代で、津波に負けない建築構造体を供給することは可能。これを津波被災地における建設システムとして一般常識化し、共通条件とする。

①個人的経済負担や莫大な税金投入の回避。また、人工地盤（土地）の開発を先行。津波常襲地域を救う唯一の策は人工土地方式であり、長期にわたって継続活用する。既存の土地上に人工構造物（スーパーユニット）を立体的に造り、宅地の代替とする。

②地震、津波、火災に強い住宅として、地域外需要が高まる魅力的な不動産開発。セカンドハウスにも適用。

③日本の「建築」と「土木」の構造技術協力体制（地震に強い建物を造るため、両者のコラボレーションが必要）

④建設技術の信頼性を駆使（地震に対する強度確保は経験豊富。サステナブルな建築と街づくりに専念）

⑷膨大なガレキの処理（危険なガレキの後始末に苦慮。ガレキの有効活用と発生地域内処理。処理に莫大な税金投入は避けたい。ガレキを発生させない建築づくり）

⑸世界に誇った日本のブランド（ふかひれ、工業生産物など）が、津波で傷つけられた経済的損失は大。早期復活を目指して立ち直る。

①震災後の経済的活動の減衰（農林漁業、各種部品供給製造業などが立ち直るまでの生産体制持続と早期回復）

⑹震災後の後遺症対策

①ＰＴＳＤ外傷後ストレス障害や恐怖感後遺症などの対策。

②津波の恐怖感を再燃させない。〝咽元過ぎれば熱さを忘れる〟を念頭に。

③事故後の生活混乱と苦痛（家族や職業を失う／解決に時間がかかる）の回避。

④コミュニティー崩壊（住み慣れた地域からの人々の離散防止）を回避。複合ビル形式で対応。地域自治組織の維持。住民の意向を反映した街づくり。

⑤地震の影響による二次災害などの対策（自殺、病人等の安全対策）。

⑺建設コストの考え方とその調整（仮設建築＝低廉価格／長寿命建築＝高コストといった先入観を除き、総合的コスト削減の考えを定着）

初期建設費の単価が、仮に二倍・三倍かかっても、家賃設定や借入長期間返済で対処できる方法を決めれば、問題解決は可能。長寿命建築を目指せば、安全性確保と価格削減が図れる。

⑻東日本ダイナポリスの実現（隣接市町村の連携による自助、共助、公助を実現。各都市（個性）との連携、被災地における土地継続維持の可否については自己判断。公的負担は困難）

地域に適合した各業種の新旧開発、就労の場拡大、食糧生産基地の位置づけ。グルメタウンやグルメチェーンによる地域展開、集客性向上を図る。民宿・ホテルの充実で集客増大、首都圏需給の拡大連携、工業生産（製造業）基地の充実、「衣・食・住」確保と「医・職・住」の再生と充実。

(9)復興計画には「夢と希望を」抱く（再開発の内容によって将来に期待、禍を転じて福となすが実現）

テーマを設定しキャンペーンを打つ。夢のある計画ならば、現在の苦しみを払拭でき生きがいが生れる。計画目標（内容）と完成予定時期を事前に示すことが重要。目標が定まれば生活設計の見通しがつく。従前の住民だけでなく、積極的にUターン、Iターン（都市部から地方へ）、Sターン（復興移住）の人口を増やす。

(10)スピード感をもって取り組む行動

一年経つとマスコミは震災事故を物語的に扱い、劇場化する。本質をわきまえた津波災害防止に必要な改善策についての情報発信。

(11)復興都市イメージの俯瞰概念図（このアイソメトリック図のデザインセンス（造形感覚）に拘る必要はない）

対象地域の地理的特性によって、建物の形態は様々に変化する。この概念図は、津波より高い位置に人工地盤（土地）を設け、安全性と安心感をもって生活できる建物の原理原則を大雑把な俯瞰図（鳥瞰図）で表わしたにすぎない。実際は人口構成や産業構成、文化的意識構成に合わせて段階的建設を進める。この絵は最終的全体像のイメージ図である。高置道路を格子状に配置し、高層エコ・スーパーユニットを立地させている。高置道路の高さは、津波高を考慮し、それ以上のレベルを基準にしている。〝後背地の森林群と復興地域内の公園に植えた樹木や花（屋上緑化など）との調和を目指して〟人々の憩いの場づくりに努め、誇れる故郷の街づくりを期待するものである。

復興都市イメージの俯瞰概念図

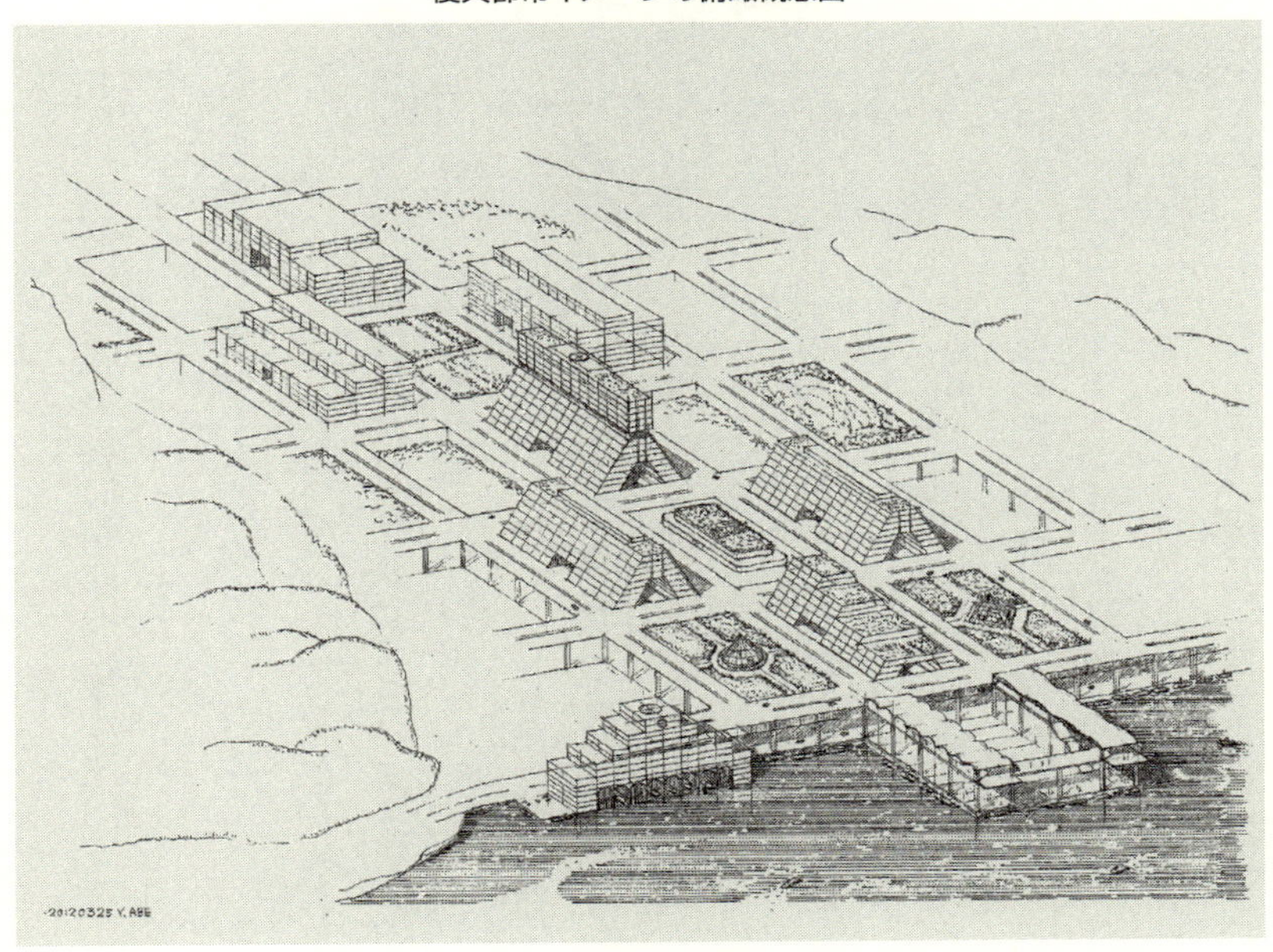

図Ⅶ－１－１　津波に強い街の断面構成概念

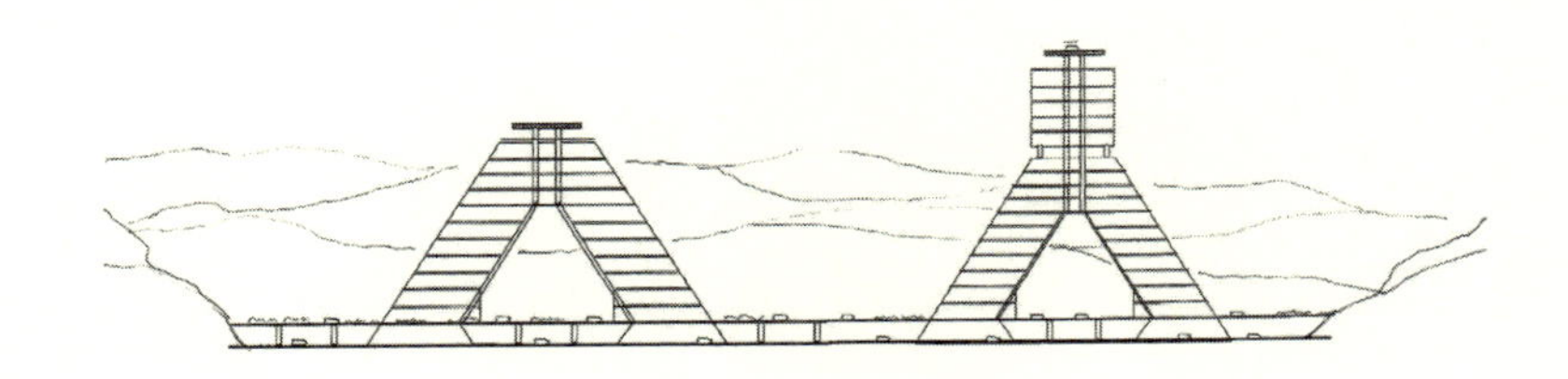

Ⅶ‐2　防潮堤と建築物の相関関係

津波の被害から逃れ、安全を確保するためにはどうしたらいいか、断面的視点で考察してみたい。図Ⅶ‐2‐1（次ページ上）は、海岸線に面して積極的に建物を立地させた場合の断面である。海から浸入してくる津波を途中に設けた防潮堤で波力を一次制御し、それを越えてくる津波は、建物の下部を通過させ、内陸への浸入を拒まない考え方である。津波に対する肩透かしの技とでもいえようか。普段は建物の下部に漁船を係留させることができる。漁師は船から直接建物に出入し、上層階に住居などを設置すれば、職住近接型生活が可能となる。従来から行ってきた防潮堤の壁では、その無機質な感覚が住民にとってわびしい風景となってしまう。それを解消する方法として、図Ⅶ‐2‐1のような断面形の都市空間が提供できれば、むしろ、生活に潤いをもたらすことになろう。古く小規模な例ではあるが、丹後半島の北東に位置する「伊根の舟屋」（上掲の写真参照）がモデルとなりそうだ。伊根の舟屋は日本海に接する入り江に面した漁村である。後背地には小高い山を頂き、落ち着いた風景を有している。海と建物が直結していて利便性に富んだ生活様式を維持している。

図Ⅶ‐2‐3（178ページ上）は、沿岸地帯再建の概要を示し、図Ⅶ‐2‐4（178ページ下）は、図Ⅶ‐2‐1を一部拡大して表現した概念図である。

図Ⅶ－２－１　防潮堤＋建築施設の複合体（職住近接型都市概念）

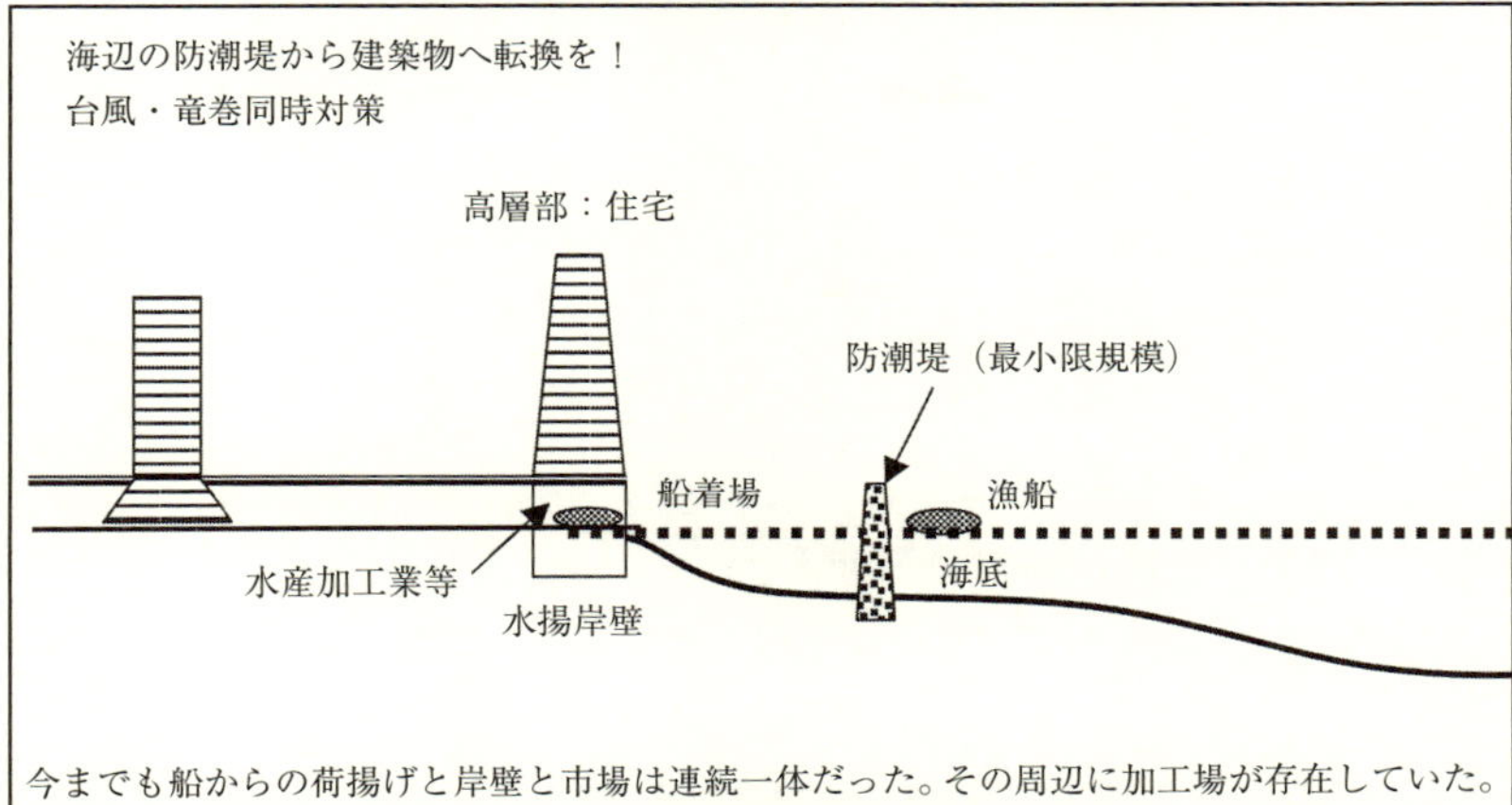

図Ⅶ－２－２　一般的な解決策から抜本的な解決策への発想転換概念

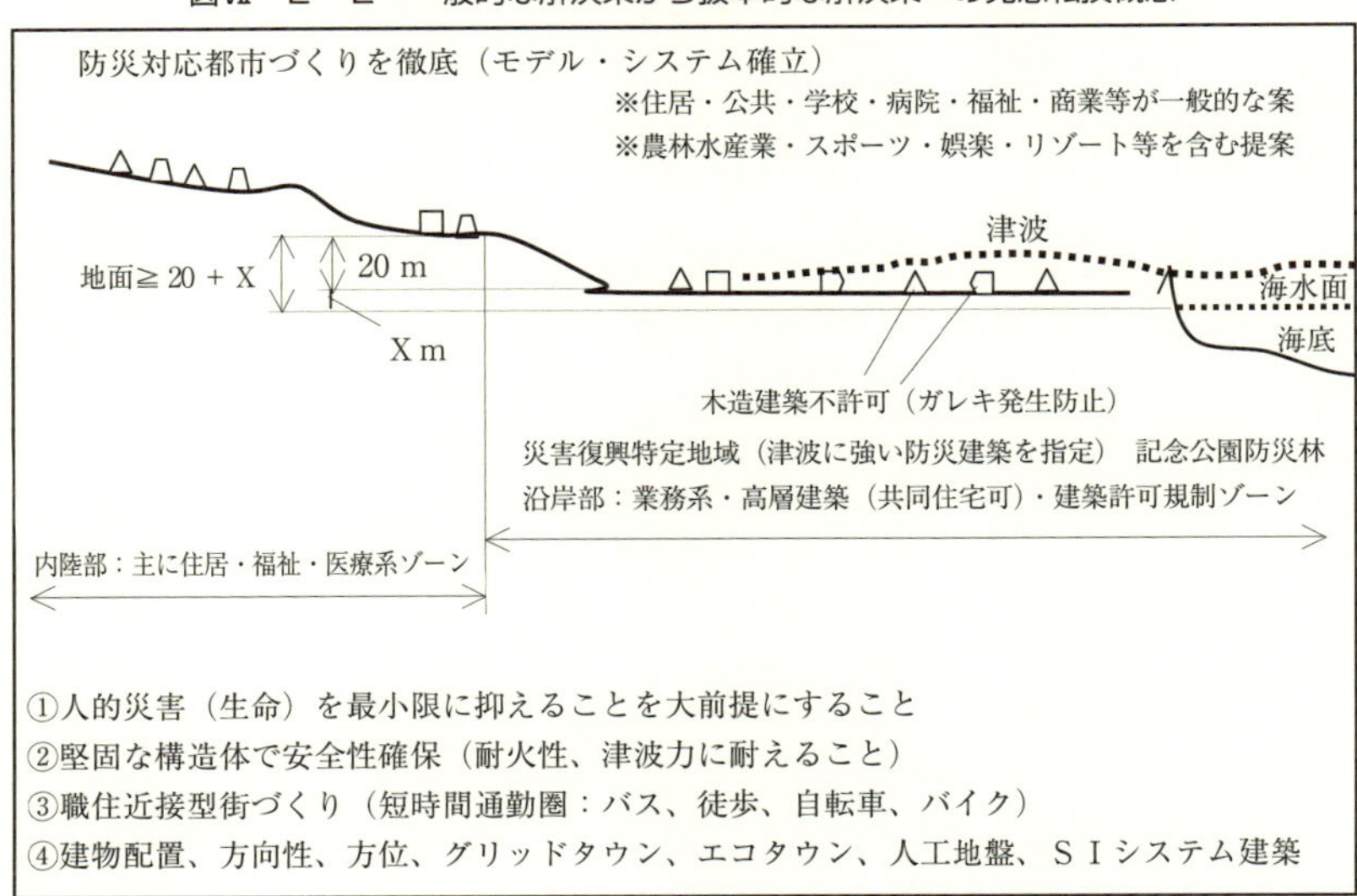

図Ⅶ－２－３　岸壁・桟橋・防潮堤の平面概念

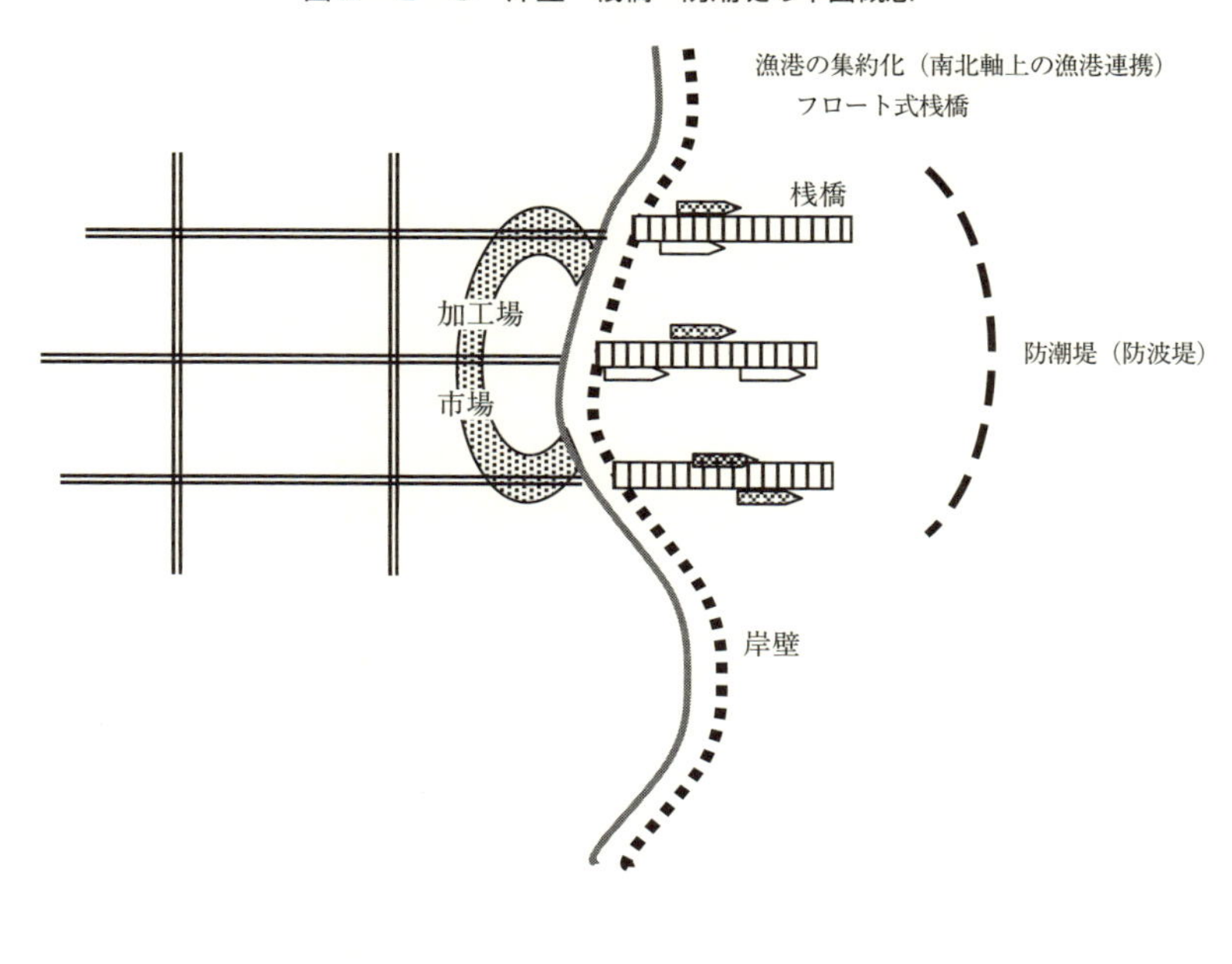

図Ⅶ―２－４　防潮堤ビルの断面概念

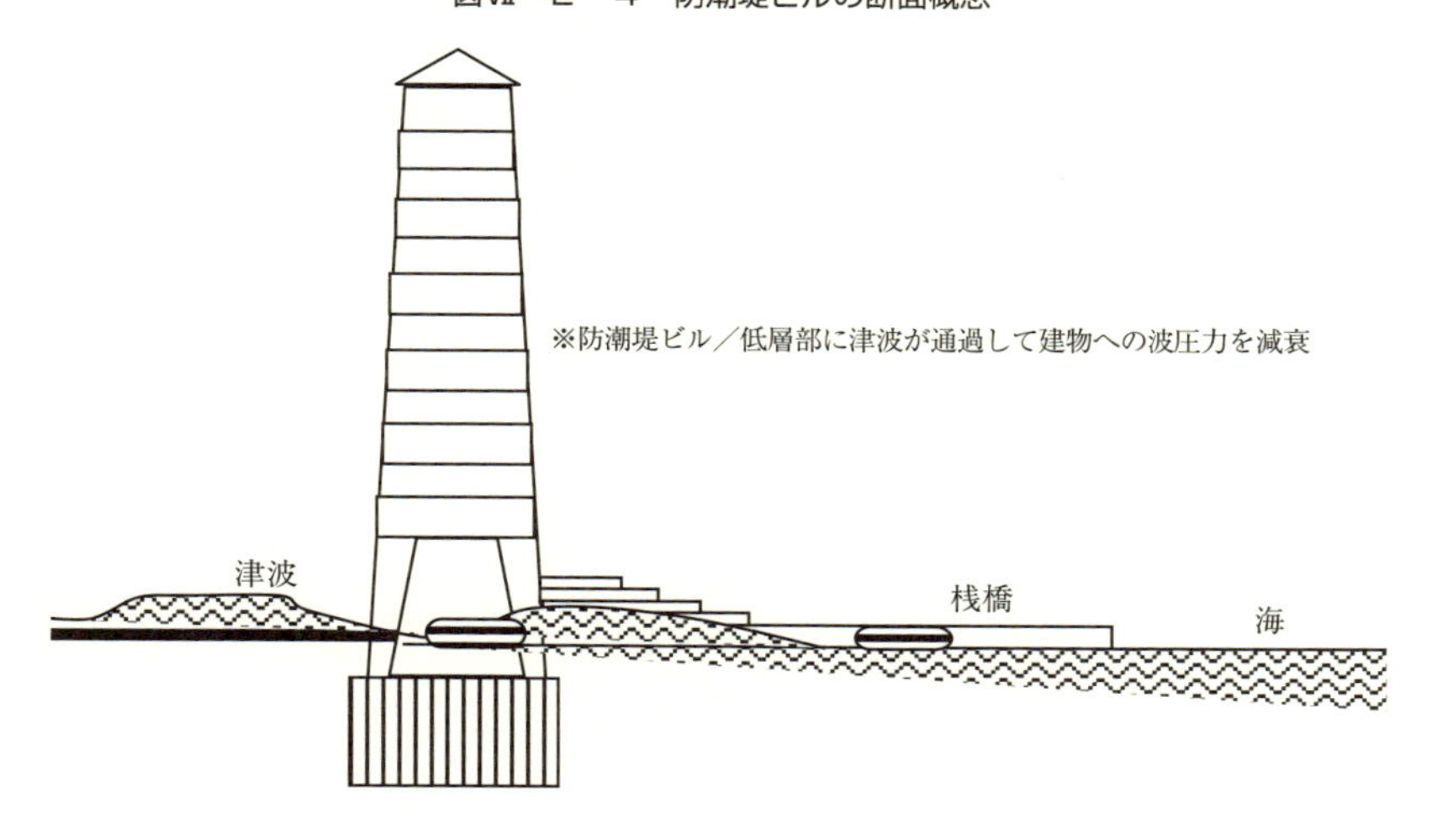

Ⅶ－3　将来再発する復興投資と精神的ダメージを回避

地震・津波が経済危機の原因となることを日本人は常に自覚し、肝に銘じておかねばならない。国家が沈没しないためには、国民の英知と実行力を発揮することが重要だ。では、復興住宅の基本的条件がどうなるか、1戸当たり床面積を検討して地域の人口がどれくらい想定できるかを考察してみよう。

例えば、3LDK＝60㎡、80㎡（約25坪）、そして、100㎡の3タイプをあげてみたい。ここでは中間規模の平均専有面積25坪＋共用（専有×20％）＝30坪を仮定して事業費を試算してみる。

例1　30坪×100戸＝3，000坪×80万円／坪＝24億円／1棟当り、となる。4人／1戸として計算すれば100戸×4人＝400人／1棟ということだ。ただし、実施の際の工事費は実勢を踏まえて決めることになる。

例2　仮設住宅10万戸と仮定して、10万戸×500万円＝5，000億円。それを恒久復興住宅の投資に充当させれば、5，000億÷24億≒208棟に匹敵する。1棟400人として、208棟×400人＝83，200人が入居できる。

次に、10万人都市を前提に試算してみよう。

10万人÷83，200人≒1・2となる。この規模は一つの中堅都市に匹敵する。ゆえに、5，000億×1・2＝6，000億となり、仮設住宅10万戸の費用の1・2倍で約10万人都市が生れる。これはあらっぽい概算であるが、仮設住宅にかける費用がいかに問題であるかを考えるのに役立つだろう。

結局は余計な費用を投下しているということだ。実際は一時的に急場をしのぐ役割を果たすものだからやむをえないが、これを繰り返せば震災の度に仮設住宅費用がかさみ、国費の支出もままならない状態に陥ってしまう。また、再建する都市には、各種インフラ設備及びエネルギー供給設備が必要となる。この予算は別途捻出することになる。仮設住宅は居住性悪く、耐久性も問題だ。短年で廃棄物になり処理代も安くない。したがって、早期の内に津波に強い建物への切り替えを実施すべきである。その結果、安心感が生まれ、精神的な苦痛から開放された生活を取り戻すことができる。

Ⅶ-4　アーバンデザインと景観計画

美しい街づくりを目指すことが、震災地にとって一つの条件となる。新しい街づくりは、美意識をもって取り組むべきだ。なぜならば、リアス式海岸を背景にもつ被災地は、観光資源となる美しい景観に恵まれているからである。これは被災地の発展に貢献する素材となる。津波で全滅した都市だから、世界的知名度は高い。その成果が好評であれば、津波被害再建都市復興のモデルとして世界的に活かされる。

都市の美しさは、地域の特色を発揮し、経済的付加価値を高め、観光事業の基本的要素となり、街の活性化につながる。復活のためには、いくつかの前提条件を整理して、目標を定めることが不可欠である。そのためには、時間がかかっても、惜しんではならない。

街を美しく見せるためには、景観を意識した都市計画のコンセプトが問題になる。隣の街と似ていれば競争力が薄れ、魅力が欠ける結果をもたらす。リピーターがなければ観光地としての発展は難しい。街に個性的な魅力を欠けば一過性で終わってしまうだろう。美しさを維持する要素としては、建物のデザインとか、道の景観・雰囲気を代表する街並み、居心地の良さ、清潔さ、そして安全性などがある。被災地の再建は、無策で自然発生的な進め方であってはならない。用意周到な計画をもって取り組むべきである。開発方針の路線を曲げればアーバンデザインが無駄になり、狙ったイメージが消され、失敗の原因となる恐れもある。それでは再来するだろう巨大津波に耐えられず、持続可能な街づくりはできない。被災地の都市計画が、インスタント的発想であれば、街の寿命が短命で、味気ない空間づくりに終わるだろう。プランづくりの過程において、初期段階の作業に時間を惜しまずに、十分練った方針をもって邁進しなければならない。

街づくりは、その条件づくりが最大の課題だということである。たしかに、復興のためには、一刻も早く仕上げ、生活を再興させることも大事な条件である。しかし、高額な予算を投入させるからには、一世代かぎりで終わらせてはならない。何世代にもわたって引き継がれる街づくりは、それに耐えられる内容が必要だ。現世に生きる自分たちのためでなく、将来を見据えた内容でなければ、現代を担う者としての役割を果たしたことにはならない。街は津波に負けない強固な骨格で構築し、そのなかに暮らす人々の柔軟的な生活様式と時代の変化に対応できる設備が必要である。人々の様々な暮らしに少しでも満足感を味わってもらいたい。ところが、その過程で「原理原則」となる計画条件が、意識的か無意識的かは定かでないが、途中から無視されてしまうことがある。この原理原則は絶対に曲げてはいけない。もし、その必要があるなら、事前に修正案をもって十分吟味した上で対処することだ。条件のなかで最も重要なテーマが、巨大津波対策である。津波の高さが何メートルになるかが、当面の大きな課題となる。10～25ｍあたりが検討の対象となるだろ。そのレベルの選択は、十分な現地調査に基づいた結果による。また、地域の特性を考慮すれば、海に接近する急峻な山並みとの関係をよく理解した上で、当該地域の気候風土に見合った街のあり方や建築設計を行うべきである。目先の経済効率ばかりを追求し、それを優先させる方向に傾斜させることは避けたい。エコロジカルな配慮に基づくプランを求める現代は、特に地勢的条件についての配慮が必要だ。また、地方都市（市町村）の高齢化や人口減少問題が大きな課題になることは間違いない。そんな社会環境の中で、生き残りをかけた街づくりを緻密に練り、街再生のために唯一無二のユニークな開発を、各街（都市）単位で取り組んでいくことになる。

Ⅶ-5 建設コストの考え方

建設単価が高いとよくいわれるが、何を基準に高低を指しているのかが不明ななかで議論されている場合が多い。その価格が単純に高いといえるかどうか疑問を持たなければならない。建築の耐用年数（使用年数）をどのように設定しているかが問題で、その関係を検討してから比較する必要があることに注意してほしい。例えば、単価50万円と100万円の場合、前者が耐用年数30年で後者が60年としたら、総体的にみればその価値（1年あたりの単価）は同じと考えることができる。ただし、メンテナンス費用は別途に考える。経年数で割れば、50万円÷30年≒1・6万円、100万円÷60年≒1・6万円といった具合である。30年と60年の間のメンテナンス費用は、建物の場所、グレード、気候などの状態によって差があり、同様の計算では図れない。仮にメンテナンス費が同じようにかかったとすれば、それも同等の結果となろう。結局、60年に一度建てる場合と二度建てる場合の比較になり、コスト的には、二度建てる場合のほうが高くつく傾向が理解できる。したがって、長期間活用する建物の方が有利になるということである。建てる回数を増やせば、周辺の環境も変わり、建設費の単価も変わって、建設中の要件がいろいろ増えてくるなど、煩わしいこともそれだけ増える。建て替えの時期にはオーナー本人も歳をとり生活環境も変わってくることだろう。

そこで、上述の問題を少しでも軽減して進める方法があれば、それを考慮したほうが有利となる。すなわち、建設において長期間持続性が可能な範囲と短期間で交換しなければならない部分とを分けて処理する方法を考えてみたい。前者は、建物の骨格となる「構造体」が対象になり、後者は、「内装や設備的」な範囲が対象になる。構造体はハードな工事になるので何度も建て替える必要のないようにすること。そして、比較的短命な設備機器は、耐用年数が10～15年（法定耐用年数＝保障期間）として扱われ、交換容易な状態にしておくことである。したがって、建物の造り方を大きく二分した考え方で処理することを被災地再建のコンセプトに据えることが結果的に有利な方法だということになる。

建設事業がもたらす廃棄物や建設資材は環境問題に大きな影響を与え、これから建設する仕事には、生めや増やせやの時代ではなくなることを前提に設計し、その条件に基づいて建設することが社会的に求められている。その原則から判断して、前述のような「構造体」と「内装・設備系」とを段階的に分けて建設する方法が、社会的ニーズとして認知されなければならない。ちなみに、そのような建設方式を通称「スケルトン・インフィル」（SI方式）と称している。

Ⅶ-6　超高層集合住宅の可能性

超高層建築は、今日まで多くの実績を残し、全国的に定着してきている。地震国日本の地理的特性をわきまえた設計条件によって、構造体の強度が決められてきたことが背景にある。

日本の現代建築技術の粋を集めた成果が超高層建築に息づいている。東京湾の埋立地には、多くの高層マンションが林立している。これを是とすれば、その技術は全国どこでも通用するものと見るべきだろう。ただし、実行するためには、それぞれの立地条件を十分把握し、計画に反映させなければならない。その点、技術的能力を推し量る限り、疑問の余地はない。

被災時にライフラインが不能になった場合、上下水道破損で発生する高層難民の問題については、確かに無視できるものではないが、津波から逃れ、命を救う意味からすれば、高層建築の存在は大変意義あるものと考えられる。地震の際に建物は壊れなくともインフラ機能が麻痺し、生活に支障をきたすとか、室内の家具や什器備品などの移動による転倒や破損が、人体傷害の原因になるとの心配は無用である。それを防止する工法がすでに開発されている。また、今までの教訓を活かした防止策は、一層安全対策に活かされている。

仮に超高層建築が災害によってインフラがダメージをくらい数日間使用できなくなったとしても、命を落とすことまでには至らない。インフラ回復までの期間は、内部ストックによって生活が維持でき、外部からの補給なしでも、必要最小限の安全は保てる。超高層建築は、現代の建築技術をもってすれば、地震動による破壊はまぬがれる。津波力にも耐えられることは今回の経験で察知できよう。実際はビル内に留まったほうがはるかに安全だといわれている。

Ⅶ－7　復興プロジェクトの事業推進に民間活力導入を

日本の大手総合建設会社（ゼネコン）は、一社当たり年間売上高が2015年時1・2兆円に達している。多くの建設関連業種の集合体で組織されたゼネコンは、建設工事全般のまとめ役として活躍し、総合的な統括能力に長けている。そのゼネコンを被災地再建事業の統括役に位置づけ、復興を推進する立場でプロジェクトに取り組んでもらう手法も一つの案として考えられる。行政機関においては、技術的・専門的な職員の不足はもちろん、ノウハウについても緊急事態には対応できないのが実態であろう。それを補うためにも抜本的な手法で可及的速やかに対処することが必要だ。資金力や事業推進力のあるゼネコンが、リーダーシップをきって被災地再建に取り組み、復興を促進させることは、事態の正確からして的確な選択だと考える。ただし、その場合は、国が余計な条件規制をかけないで組織運営が可能としなければならない。何故なら、復興には日本のあらゆる事業者が参画して協力しなければ、この大プロジェクトは進まないと考えるからである。一定期間内で目標を達成するには、国内の力ばかりでなく、必要によっては海外の人的、資源的能力を提供してもらうこともある。プロジェクト・チームを率いるゼネコンは、復興プロジェクト推進本部の総括責任者として、その役目を担い、公平な立場で活躍することを期待したい。

ところで、日本の行政機関が発注する建設事業は、単年度予算によって処理することが一般的な運営として旧来から引き継がれている。この単年度予算消化方式は、復興プロジェクトには適用し難いことを指摘しておきたい。行政が発注する建設事業は、その年度内完了として清算する方式をとり、完成まで数年かかる大規模プロジェクトの場合でも一旦当該年度で締めくくって清算し、次年度に改めて入札して契約しなおすといったやり方だ。これでは仮設工事が二重の手間となり、その工事費や施工期間が重複する結果となってしまう。工事は完成予定日を目標に懸命に努力するが、その流れを抑制する原因にもなっている。これはゼネコンが無手勝つ流に利益第一主義でどんな条件でも行うという話にはつながらない。また、厳しい検査体制で取り組むルールの確立も不可欠だ。プロジェクトを進めるためには、事前に細かく練った計画書をプロジェクト・チームで更に検討し、予算を含めた総合的見地から合意を得る必要があり、その方針のもとで実施するので、現場進行を妨げる行為は許されない。この進め方は、ＰＦＩ方式と共通するシステムといえる。プロジェクト・チームは、民間（統括責任者とディベロッパー、金融機関、ゼネコン、設計コンサル、維持管理機関、及び従前居住権利関係者、などのチームメンバー）と関係官庁（国・県・市・町・村）が合弁で組織するものである。ＰＦＩは官民共同体方式で、資金調達や運営など、官庁だけでは開発が難しい場合に用いられる手法である。特に運営能力の長けている民間事業者の参画協力は欠かせない。運営には事務手続きを簡素化し、業務内容の密度が濃く、時間がかかっても、取り扱い件数が減れば作業手間は省け、運営費が軽減できる。

復興活動には住民の積極的な参加が不可欠。専門的な内容については、その道のベテランに担当してもらい、土地や家屋などの権利者の意見を把握して方向づけるのが肝要である。ただし、住民においては、専門的な領域について無関心であってはならない。そのためには、時間がかかっても、復興のための勉強会に参加を促し、再興に関心を高めてもらいながら学習することが必要である。

例えば、各地域のなかの各町レベルにそれぞれ代表者を数名ずつ参画させ、検討会の結果を地元に持ち帰って各住民に諮る。その際、住民からの意見吸収と統合を図ること。合意形成を一定の枠内で成しとげるには、参加意識の向上が必要。具体的な進め方としては、ビジュアルな説明資料の提供も理解を増す意味で不可欠だ。住民側が注意することとは、従前の土地・家屋評価額や新しいビルに関する床価額と等価交換方式がどうなるかである。ビル構成には、分譲と賃貸とその混在型があり、住民の都合によって選ばれる。また、民間活力としてのディベロッパーの参画（但し、現地の計画に従うことを前提とする）も見逃せない。その他の関係機関としては、金融（融資問題／契約など）、不動産（分譲か賃貸）、各種手続きなど多岐に及んでいる。

Ⅶ - 8　土地・家屋所有権と権利移転

被災地の殆どの人々が家屋を失った。そこで日常生活の拠点となる住居の供給を先行しなければならない。だが、事前に注意すべき前提条件がある。それは当事者にとって、これからの住まいづくりの原則を決めること。すなわち、従来の住居形式に対する意識変革の必要性である。巨大津波によって街に顕在していた木造建築は全壊してしまった。住生活様式を切り替えることは容易でないが、将来に悔いのない決断が今求められている。

再建する家屋は、今までの戸建方式でなく、集合住宅を対象に集団化をはかり、津波に強い建築施設で安心して暮せるように切り替えること。そして、住民の権利は、従前に所有していた土地・床権利分を再建したところに移行する等価交換方式を採用することが考えられる。従前の評価額は、被災直前の評価で査定するのが被災者にとって最低の条件であり、理解ができる選択だといえようか。

震災の結果、莫大な損失がマイナス遺産として生じた。復活のためには何十兆円もの資金が必要となる。ガレキの処分だけでも一部の報道によれば、その運搬・仕分・衛生処理費など３，０００億円の予算が計上されている。

時間と費用が膨大にかかることを考えると、従来の木造低層建築方式では、到底津波に勝てないという認識に立たされる。資金調達には種々の方策があるが、それらは財政圧迫の原因となる。復興債券制度を設け、国民全体（外国も含め）から資金を集める方法もある。将来建設が完了した時点で返済が生じても、合理的な返済計画をもって行えば問題はないだろう。

復興建築を考える場合、従来のスクラップ・アンド・ビルド方式は、長寿建築を求める時代に相応しくない。将来、資源や労働者不足が生じれば、建設コストや工期などに影響を与え、復興が難しくなることが予測できる。少子高齢化が進み人口が減れば、総体的需要が減り、床面積の過剰が発生する。したがって、成熟社会においては、スクラップ&ビルド方式が成立しなくなるということだ。しかし、住民が存在するかぎり住宅は不可欠である。安全、快適、低廉な住宅の供給は欠かせない。併せて徹底した省エネタイプの建築システムが要求される。たとえば、超高層複合ビルに多機能の用途を混在させる完結型ミニ都市が、津波に強い住居環境を創出し、津波被害に有利だということが分かってくるだろう。

これからは、時代の変化に耐え、将来の改修にも容易に対処できる建設システムを採用することが望まれる。そのためにいわゆるSI建築システム（スケルトン・インフィル形式）を採用することを推奨したい。

Ⅶ－9　人口減少と街づくり

従来の地域産業回復に加えて、被災地の立地条件に見合った新しい産業と文化的施設などを開発し、老若を問わない魅力ある地域開発が望まれる。被災者の再興をはじめとして、外部からの移住を促進させたい。街づくりは定着人口を安定させることが基本である。それには被災地をゴーストタウン化してはならない。

成長に悩む日本の国内生産量は減る傾向にあるという。量と質で比較すれば、現代は既に質で勝負する時代になっている。人口数と経済力は比例するというが、今後の展開がどうなるだろう。ＧＤＰ一人当たり生産量と消費量を分析して、これからの傾向を探った上で将来を予測することになる。そんな社会環境を前提にした国土開発計画がなかなか読めないのが現状だ。

地方の家族構成は、今日まで三世代同居形態が普通だったが、近年、高齢者の核家族化現象が現われてきた。その結果、住戸の必要面積が少なくて済む傾向が見られる。したがって、住宅床面積の要求が過去とは異なり、設計条件の基本的な見直しが必要だ。高齢者は、各住戸内（家庭）に孤立させるのではなく、用意された選択肢から選んで、それぞれの事情に応じた生活ができるようにする。そこで浮上するのが集合住宅である。すでに、一般的にグループホームなどの生活様式が進み、利用者の数も増えている。共用部分と個人の生活空間とを有機的に組み合わせた施設での生活は、高齢者の居住空間としてすでに定着している。

また、親子関係にある家族が近距離で別々に住み、協力し合う生活形態もある。人間の暮らしは、家族を原単位とするのが一般的だが、他人と共同で暮らす方法もある。どれを選ぶかは、個人の事情と考え方によって決まる。宮城県などでは、県内の事業者のなかで、外国の実習生を漁業産地で雇用した例がある。その場合は、安全で安心できる居住空間の提供が必要だ。雇用者が用意する場合もあれば、実習生自身がグループで居住スペースを調達する場合もある。それには集合住宅形式が適っている。

津波に遭遇してもダメージが少なく、継続して生活できる建築システムの設置が望まれる。少なくとも、三世代以上にわたって建物使用が可能な街づくりをしなければならない。定期的メンテナンスを滞りなく実施すれば、構造体の原形は数百年に耐え、持続可能な街として活かされる。

子供たちが、将来豊かな暮らしをエンジョイできる街づくりを形成することが現在求められている。人口減少について一概に悲観的になる必要はない。住宅費の低価格維持と供給の安定性さえ確保できれば、むしろ好ましい方向として歓迎される。長寿命建築を目指し、耐久性能の高い建物を造れば、将来に希望が湧き、過去の遺産として評価される。西洋の過去の実績がそれを物語っている。

Ⅶ-10 復興の建設には工程計画からはじめよう

国家予算が当初見込んだとおりに事業が進まないで消化不良の事態が発生している。いくら予算が潤沢でもそれをこなすだけの工事能力が準備されなかったのが問題だった。工事を受け入れる技術能力や従事する各職能人員、適正な工期、資材の供給など、物理的な需要量を事前に調査して計画的に実行するなど、それに見合った予算付けができていなかったのが実態であろう。はじめに予算ありきの傾向があり、予算どおりに消化しきれないのである。それに対して行政や政治が問題だという批判は当たらない。結果だけで批判するのは簡単だが、その原因の追究が重要であって、合理的な過程（工程）を踏まえて進めることができたかどうかである。案外その過程をネグって騒ぎ立てる例が多い。物事は必要に応じて準備時間をかけ、目標に向って整然と進めなければならないが、それを無視して突っ走ることがある。そんな進め方は、復興事業にありがちだが現実には馴染まない。

東日本大震災のような大規模復興事業では、全国を対象に受注能力を調べ、総体的に検討して工程計画を最初に立案し、それに照応した予算計画を立て、時間的、予算的、工事能力的に無駄のない方法を講じることである。

事業着手までに時間がかかりすぎるといった批判があっても、論理的な計画に基づく説明によって国民の疑問は払拭できるだろう。

工期短縮は復興のための必須条件である。被災者は一刻でも早く生活の再建を図りたいからだ。被災地域の復興には、法的手続きや資金援助など事前対策が多々ある。あまり時間がかかったのでは被災者に不安を抱かせるばかりだ。事業は短期間で完成させることが求められる。それに応えるには、部材の規格化と工業製品化による建設手法を駆使することである。

被災者の生活再建には、何よりも早く住宅を提供し、生活の基盤を設けることである。被害の程度は様々であり、家族構成も複雑になっている。それに関連して自治体の課題も解決に手間取り、結論が長びき、長期化してしまう。震災当初の被災者側の立場でいえば、以下のような要件がどう解決できるかが問題となる。すなわち、①衣・食・住全般、②死者・行方不明者の捜索、③行政サービス、④金融サービス、⑤商業サービス、⑥医療サービス、⑦教育全般、⑧インフラサービス、⑨ガレキ処理・廃棄物処理、⑩子供・高齢者サービス、などである。

コラム

コラム1　津波の定義（国土交通省）

津波の「津」とは、船着場や渡し場を示す港を意味する。すなわち、「津波」とは津（港）に押し寄せる、異常に大きな波のことをいう。

津波は、海底で発生する地震に伴う海底地盤の隆起・沈降や海底における地滑りなどにより、その周辺の海水が上下に変動することが原因して引き起こされる。発生した海水面の動き（上下動）が特に大規模なものであれば、沿岸に達すると破壊力の大きな巨大津波となる。

津波 tsunami は「津波・津浪・海嘯」などと表現され国際用語として通用している。

コラム2　用語の定義

本論では、巨大津波を対象にしていて、内容により異なるが、主に「防潮堤」の用語を用いている。

❖防波堤 break　water とは／　外海からの波浪を防ぎ，港湾内部を静穏に保つために築く突堤。津波による被害から陸内を守るため、海岸沿いの海中に設置する構造物を指す。台風など、災害の頻度が比較的多い場合を対象にする。

❖防潮堤 coastal levee とは／　津波や台風などによる高波・高潮の被害を防ぐために築く堤防。地盤高の低い地帯に及ぶ海水の侵入とか海岸の決壊などの氾濫を防ぐ。高潮堤（こうちょうてい）と呼ぶこともある。大地震など、災害の頻度が数十年に一度の単位で発生する場合の高潮を対象にしている。

コラム３　景観緑三法

この法律は都市や農山漁村などの良好な景観形成を図るために制定されたものである。２００４年6月に公布された景観緑三法は、①景観法、②景観法の施行に伴う関係法律の整備等に関する法律、そして③都市緑地保全法等の一部を改正する法律の三種を総合した呼称。これは景観の整備と保全について、地方公共団体へ向けた一定の強制力を付与することを目的としている。②の関係法律には、都市計画法、建築基準法、屋外広告物法、集落知育整備法、農業振興地域の整備に関する法律、そして都市緑地法などがある。また、③の都市緑地保全法等の一部を改正する法律には、都市緑地保全法、都市公園法、都市計画法などが含まれている。

コラム４　スケルトン・インフィル　skeleton　infill

建築物を構造体（スケルトン＝柱・梁・床などの骨組み）と内装・設備（インフィル）に分けて考え、構造体に手をつけずに内装・設備が更新しやすい建築物を造る考え方。略して「ＳＩ」という。これは「ＳＩ住宅」といわれるように、主に集合住宅に使われる。

スケルトンは建物の機能や用途に関係なく柔軟的に対応できる耐久性能の高い構造体をいう。一方、インフィルはインテリアを含む設備系（空調・給排水・電気・通信）が、その機能や用途の変更に対して柔軟的に造れる。これは時代の変化や使用者のニーズに合わせることができる造り方を意味している。従来の建設方式は、初めから設備や内装を構造体と一体的に造り込んでいくやり方である。近年、中国が建設している集合住宅は、ＳＩ式が主流となっている。内装はオーナーが直接部材を購入し、自分の好みに応じたデザインの住まいに造作する場合が多く、インテリア業者も繁盛している。日本では法規上の取り扱いも緩和され，ＳＩ式の登記が可能となった。

街並みを形成する構造体（建物）は、１００年～２００年の耐久性に富んだものとし、長寿建築として管理され、将来的に持続性が優れたものとなる。概して、日本の建築は、寿命が30～50年と評価されているが、イギリスでは百数十年といわれている。津波常襲地域の建築は、今後ＳＩ式のようなシステムの導入が不可欠だ。この際、考え方を切り替えなければ、再び悲劇と付き合うことになってしまうだろう。ちなみに、ヨーロッパの住居は、日本のマンション形式と同じように考えていいが、ただし、数百年前に建ったもので躯体が堅固なことから、オーナーが変わった段階で、大々的に改装することがよくある。したがって、ＳＩ建築形式は既に昔から実行されていたと考えていいだろう。建築資産（構造体）の蓄積が継続的に行われていたのである。

コラム５　スマートシティ（環境配慮型都市）

スマートシティとは、環境に配慮したエネルギーシステムを導入する新しい街づくりをいう。安心と安全を目標にして、持続可能な都市を目指すものである。施設の内容は様々な方面に渡っている。商業施設、住宅、オフィス、ホテル、研究所、各種加工所、などは、スーパーユニット複合ビル形式に十分適応できるものである。太陽光発電、生ゴミバイオガス発電、非常用電源にも役立つ蓄電池電力を導入する。空調や給湯には廃熱や太陽熱を利用する。街の発電量や消費電力を一元管理してエネルギーの効率的運用を図る。電気・ガス・水道の使用状況を、自動的計量器によってビジュアルに処理し、使用者がエネルギー消費を常に視覚的コントロールできるシステムを導入。

これで省エネ化を図るとともにCO_2排出量を減らし、無駄遣いを削減することができる。蓄電池が高層建築のエレベーター、水道ポンプ、非常階段照明、などへ電力供給する。スマートシティは街の開発が進めば進むほど、また、人口が定着し住民の生活が活発になればなるほど、地球環境に対する優しさを増し、低炭素でエコロジカルな営みが可能となる。

電力供給基地（発電所）はローカル単位で設けられ、将来において好ましい街環境が形成できる。蓄電装置を各ビル単位に設けることがスマートシティの原点となる。事例としては、「柏の葉スマートシティ」がある。これは公・民・学連携による一体的なプロジェクトで取り組み、コンセプトとして「環境共生都市」、「健康長寿都市」、「新産業創造都市」が掲げられた。

スマートシティには、①太陽光と太陽熱発電の設置　②高効率の照明設備と空調設備の設置　③蓄電池を設置して電力供給を整備　④低層部や地上部を緑化　⑤ビルやテナントの電力使用量の管理　⑥電気自動車とカーシェアリングの利用促進、などその可能性は多くを含んでいる。自家発電機の能力は時間とともに開発が進み、都市ガスによる電力生産は、複合ビルのほとんどを賄うことができるほどになってきたようだ。（「建設通信新聞」２０１２年６月25日号：論評を参考）

コラム６　コンパクトシティ

持続可能な街づくりの一つに「コンパクトで機能的な街づくり」がある。国土交通大臣諮問機関の社会資本整備審議会「都市再生ビジョン」の中で、従来の「拡散型都市構造」から「集約・修復保存型都市構造」への転換を打ち出している。そこにはコンパクトで緑とオープンスペースの豊かな都市構造をイメージした街づくりの姿が読み取れる。郊外へ分散する都市政策は、中心市街地の空洞化を招く結果となり、通勤通学の長時間化や交通渋滞をもたらした。また、農地や緑地を消失させてきた。高年齢社会ばかりでなく、都市運営から考慮しても、利便性の高いコンパクトな街が有効だということが表面化している。そしてこのコンパクトシティが有力視されるようになった。事例としては、札幌市、稚内市、青森市、仙台市、富山市、豊橋市、神戸市、金沢市、福井市、北九州市などがある。これらはすでに都市規模が東北被災地の各市町村と比較すれば規模が大きく、それらの例を目指すことは基本的に差があり比較にならない。しかし、歩行圏域を超えた規模から逸脱した規模であり直接見習うことには無理があるが、考え方の参考にはなるだろう。国土交通省東北地方整備局は２００４年時点で既にコンパクトシティを提示し力を注いでいる。まさに被災地の歩行生活圏域を形成する都市スケールにみあった街づくりの対象となる。コミュニティーを再生し、住みやすい街づくりに合致する。

コンパクトシティの発想源は地球環境問題に大きく関係する。人口問題、自動車排気ガス問題、人間の健康問題など、現代都市の課題が山積する中で発想されたものである。混合型土地利用形式を基に大型建築を造り、集合住宅をはじめ多目的な機能を組み込んだ複合ビルとしている。また、限られた地域の中に複合機能を有した街づくりを目標に考えられている。この狙いは、エコロジカルでサステナブルな街づくりを目指すものである。限られた地区において、完結的な生活ができる街がコンパクトシティということである。

コンパクトシティ形成の重要性は、以下のような諸点によって意味づけられる。①中心市街地の空洞化を防止するための活性化、②都市活力の低下を防ぐために都市文化の創造、③コミュニティーの衰退を防ぐための活性化、④交通サービスの低下を防ぐための移動しやすい方策、⑤行政コストの増加対策としての既存施設の有効活用、⑥環境負荷増大を削減するための環境との共生、⑦少子高齢化社会における医療サービス循環の効率化、などの要件を図るための施策の推進が期待されている。

被災地の特色を活かした地場産業の発展と街おこしに貢献し、安全で快適な、そして経済効果を上げる街づくりを行い、さらに、従前の街環境を乗り越えた市民主体の人間性豊かな街に変身することを目指したいものである。コンパクトシティ形成に必要な原則としては、次の事項を挙げておきたい。①近隣住区生活圏の再構成、②地域区分による段階的建設、③交通計画と土地利用計画との総合的検討、④街の中心地区の再構築、⑤歩行と安全性を配慮した街づくり、⑥多種多様な用途、機能を複合した街づくり、⑦アーバンデザインを適用した美しく快適な街づくり、⑧コントロール機能を働かせ、環境と共生する持続可能な街づくり、⑨街づくりの強化を適正な範囲で実施、⑩自治体の総合計画を基礎にした経営を推進、などである。ちなみに、ヘルスケアシティといった概念もこれに近い提案といえる。

あのバルセロナに建つガウディ設計の建物は、築後１００年を超えているが、未だに健在である。現在までいろんな用途に転換されながら今日に至っている。当初はマンション機能だった建物が、その後、学校、店舗、公共施設、ホテルなどに転換され使われている。建物そのものがまさしくミニ都市的存在で持続してきたのである。被災地には居住誘導区域を設定し、街を立体化して集団化すれば、住宅資金の特別優遇（借入の金利ゼロなどの援助措置）が受けられるという方法を従前の底地権者や借地権者に当てはめる。この方法は、権利変換（等価交換）によって移転を促し、従前権利者には、その権利を維持することができて納得しやすい。いわゆる区分所有方式や区画整理方式の適用も可能である。

２０１４年8月1日から施行される改正都市再生特別措置法では、民間の知恵や資金を活用して各地域の戦略に基づいて、その実現を図っている。施設対象は、住居、医療、福祉、商業などである。

被災地の復興事業を進める上で、この手法の導入が検討に値するものと考えられる。

コラム７　ＰＦＩとＰＰＰ

ＰＦＩ（Private Finance Initiative）

公共事業に民間資金を取り入れる手法。民間の経営能力や技術的能力を活用して公共施設などの建設、維持管理、運営などを行う行政手法である。

ＰＦＩ推進法で定められている。建設から運営まで民間企業に任せると同時に、想定外の事態が発生し、負担増になった場合の負担処理に関しても事前にリスク分担を決めておく。主な事業は、社会資本の整備ばかりでなく、公共施設や投資効果が高い都市再開発などが対象となる。国や自治体の財政を補う形で進められている。この手法は今後ますます活用が増える傾向にある。事業者選定の手続き期間が短縮するため、施設整備の検討に必要な基本構想や基本計画に合せた事業手法の調整業務を一括実施すること、そして、業務実績などを活かす方法を講じ、簡易化を図ることができる。

ＰＰＰ（Public Private Partnership）

官民連携の組織でＰＦＩ手法と併用される場合がある。基本的な狙いは、行政の力と民間の力を幅広く活用する点にありＰＦＩと共通している。狭義には、民間資金を活用した社会資本整備、民営化、指定管理者制度利用など、行政と民間企業がパートナーを組んで行う事業形態を総称してＰＰＰという。この事業手法は、教育、医療などを対象に進んでいる。民間の運営能力を活用することによって効率を高めることが可能だが、官民の責任の明確化と安全性の確保が重要になってくる。

コラム８　区画整理パターン

大阪府堺市の中世都市図で見て分かるように、新しく開発する街づくりには区画整理で都市パターンを格子状に計画することからはじまっている。この考え方は古来より世界的に変わることがない。この格子状パターンを被災地の当該地に徹底して行うことはできないが、基本的な形態として取り入れ、さらに現地の地勢的、地形的状況などに合わせて設計することが考えられる。本論でもこのパターンを参考に被災地のマスタープラン（概念）を作成した。なお、これは一つの堤案であって実際は各都市の条件を十分踏まえた結果を採用することになるのでその点注意を要する。しかし、検討の結果、一旦決めた原形を簡単に曲げることは避けなければならない。ちなみに、堺の場合は、一区画が約１２０ｍ×30ｍの格子状である。（参考文献：『大阪府の歴史　県史27』山川出版社　１９９６年発行ｐ・１３９／堺市街図（續伸一郎：「開かれた防衛都市堺」／「中世の風景を読む５」より作成）

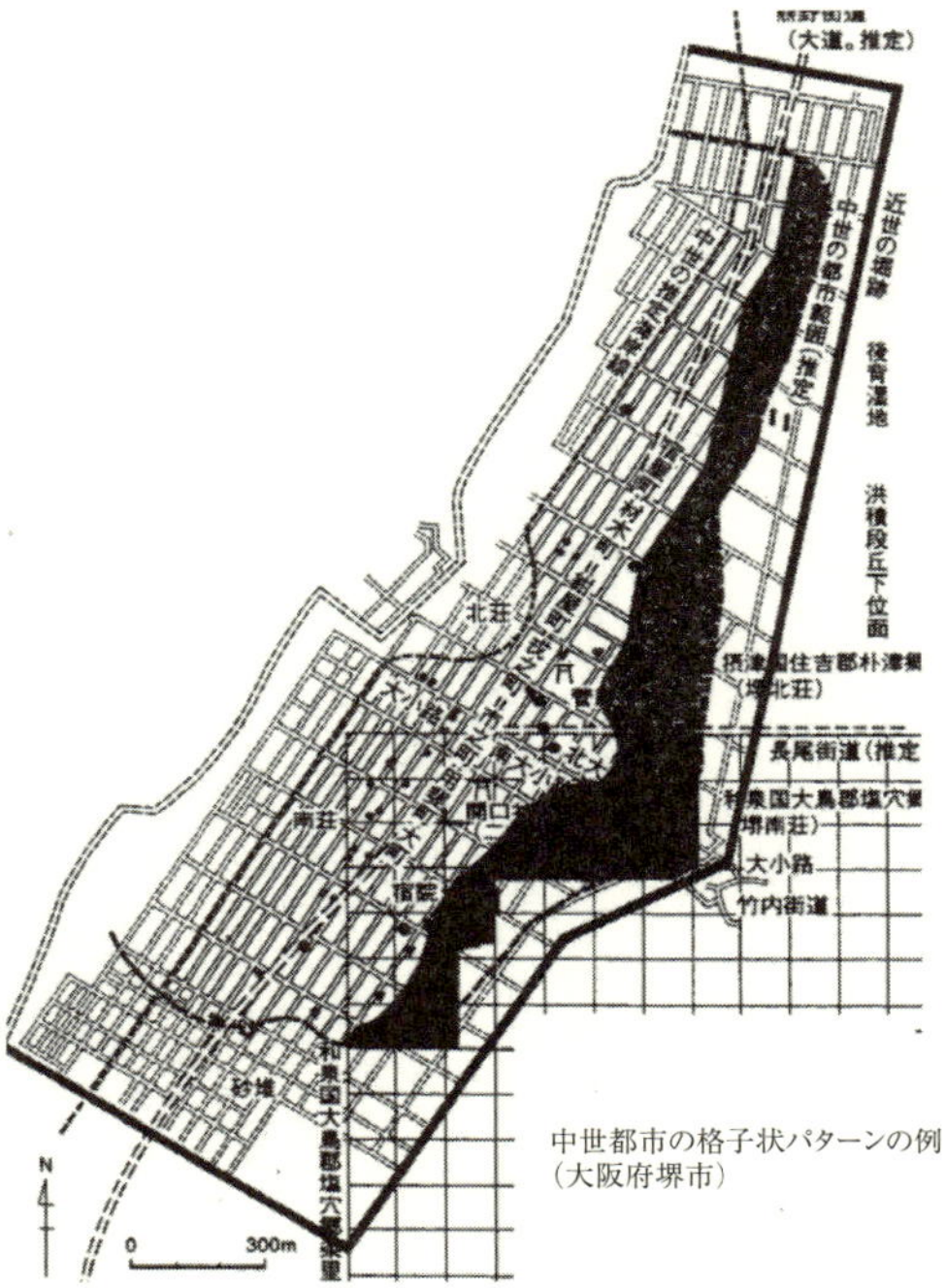

中世都市の格子状パターンの例
（大阪府堺市）

コラム９　人工土地

１９７１年に〝人工土地〟開発構想として都市環境デザイン協会（磯村英一、石原舜介、後藤一雄、阿部充氏等）が「重層人工都市分科会」を立ち上げ、「公害と住宅難解法」を掲げ建設省（現・国土交通省）に提案し、住宅局のプロジェクト・チームによって検討されている。しかし、当時の建築基準法などの法制度の変更がなければ実現できないという理由で、あまり前向きな扱いにならなかったようだ。行政というところは、現行法に縛られて仕事するだけで、よいアイデア（緑地都市ユートピア構想）が登場してもそれを育てる意識が働かないのが世の常であるといわざるをえない。（人工土地の町・２０２ページ参照／毎日新聞１９７１年６月５日掲載）

また、人工土地に関して次のような見解が考えられるので参考にしてほしい。

①スケルトン部分は公共事業で行い、賃貸方式で持続可能な管理を行う。

②人工土地の流動性を担保し、何世代にもわたる使用を可能とする。利用者の代が変わっても流動的に運用できることが重要。

③メンテナンスは、公共が行い、安全性と持続性を確保する。

④コストの調整ができ、適正で公平性を維持する。

図（次ページ）は、台形状にコンクリート製地盤を積み重ね、日照を得やすくして住居などを設置する方法。この案では、人工土地の底辺３００ｍ×１５０ｍと想定。人工地盤上下の落差は８ｍ。構造体は高速道路の支柱のような大架構で支える。日照が得られやすい外側は住居系スペースを配置し、内側は、商店、オフィス、体育館、などの公共施設を設ける。各階層間には、二階建てのプレファブ式ユニットをはめ込み、分譲宅地、分譲住宅、賃貸住宅など設置すれば、1万から1・3万人が住める構想である。

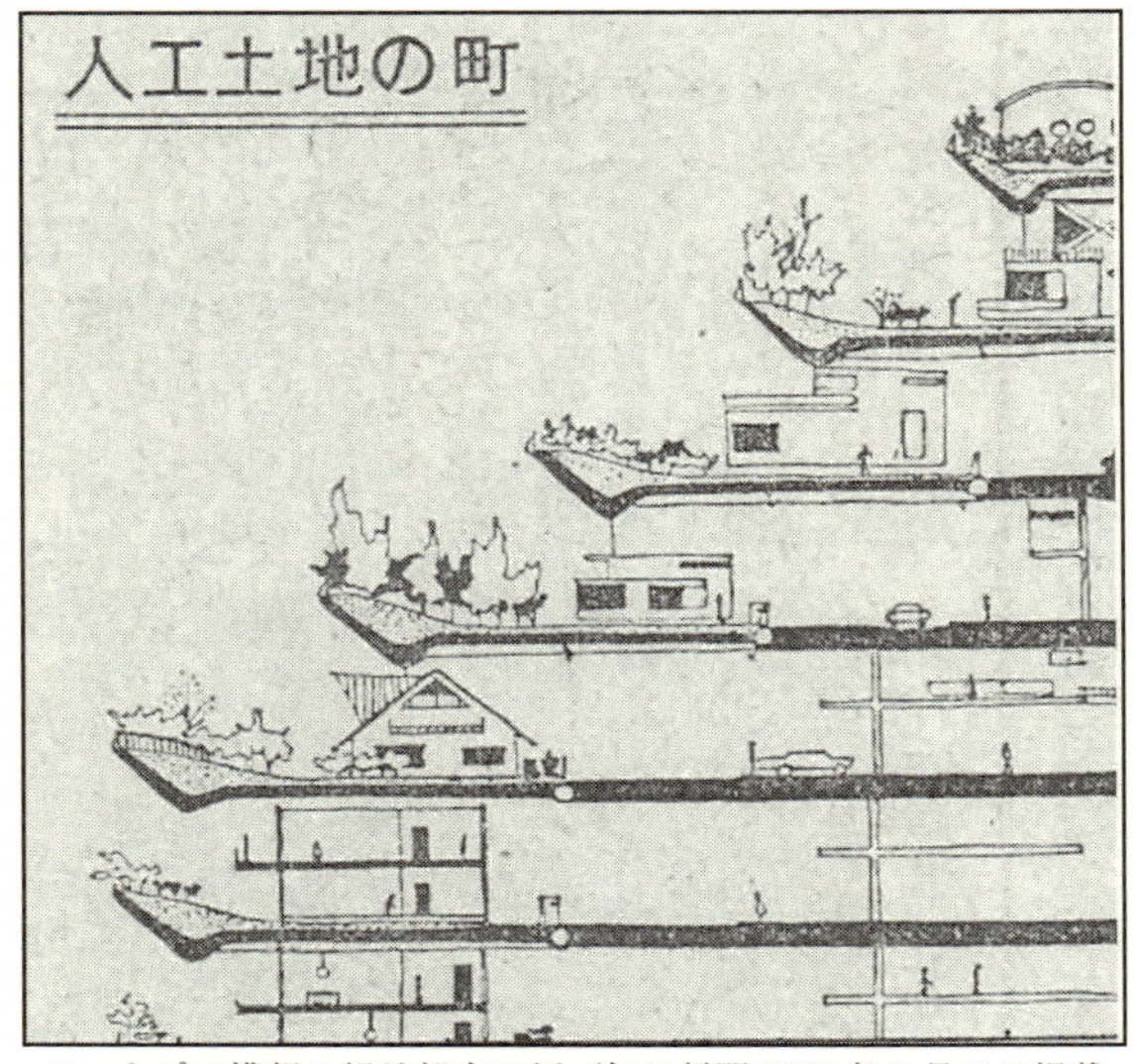

ユートピア構想：緑地都市の例／毎日新聞1971年6月5日掲載

おわりに

筆者は２０１１年10月末、震災地域を視察した。その際、仙台在住の増田敏昭氏と安川紘昭氏のご好意によって車で震災後のガレキの山を見ながら現地視察ができた。それは本論を考察する上で大いに役立った。お二方には特段の感謝を申し上げたい。そこで震災後の空しい風景を直視することができ、地域再興のイメージが生れたことは確かである。人間が築くどんな強靭な防潮堤でも巨大津波にはとうてい敵わないといった恐怖感を覚えた。本論の思考過程で、現地の廃虚的な事象を記憶したことが、この提案を描く根拠となっている。３・11から今日に至るまで、論考を重ねる途上で慶応義塾大学名誉教授の金安岩男先生に貴重なヒントをいただいた。その結果、本論の表題を「階上都市」と命名したのである。これは津波からの避難行動が水平でなく垂直方向、すなわち建物の階上へと移動する様子を表現している。誠に理に適った名称であると思う。さらに、ＮＰＯ法人建築・街づくり支援センターのメンバーからの助言、建築家木村年男氏から示唆に富んだご意見をいただいたことは幸いであった。また、横森製作所の有明利昭社長には出版に際して多くのご支援を賜った。執筆に際しては、家族が静かに見守っていてくれたことに感謝したい。本書は多くの方々のご協力がなければ実現しなかっただろう。なによりも３・11の悲劇を記憶に留めたことが背景にあり力となった。上梓するにあたり三和書籍の高橋考社長、編集担当の福島直也氏には、並々ならぬご協力をいただき感謝申し上げる次第である。

本論で用いたデータは、主に震災（３・11）前に記録されていたものを用いた。それは社会的背景がどうであったか、震災によってどう変化せざるを得なかったかを探究する基礎資料となっている。震災以降に記録したデータは、震災当時の生々しい動的な様相を呈し、従前とは異なった新しいデータとして扱うことになる。その記録は将来の対策を思考する上で重要である。

本論の作成に当っては、資料収集に膨大な時間がかかった。古書を渉猟し、図書館に通った。また、日刊建設通信新聞、日刊建設工業新聞、毎日新聞など、多くの紙面に触れた。テレビやインターネット情報、そして友人からの助言など挙げればきりがない。ここに本書が上梓できたのは、筆者の身に余る光栄で、皆様からのご厚情に対し衷心より感謝の意を表わしたい。

津波被害は日本全国どこでもその可能性がある。日本列島沿岸の各都市（町）の全てが該当する。単に東北の三陸沿岸地帯だけではない。２０１２年４月、内閣府の有識者検討会は、南海トラフ巨大地震による津波想定高を発表した。それによれば、高さ30ｍを超えるところがあるという。われわれは何としてもこれを克服しなければならない。

２０１６年11月吉日　　阿部　寧

【参考資料】

阿部勝征著『巨大地震』読売新聞社　１９９７年
五十嵐敬喜、小川明雄共著『「都市再生」を問う』岩波新書　２００３年
五十嵐敬喜、小川明雄共著『都市計画―権利の構図を超えて』岩波新書　１９９４年
五十嵐敬喜、野口和雄、池上修一共著『美の条例―いきづく町をつくる』学芸出版社　２００２年
石澤卓志著『ウォーターフロントの再生』東洋経済新報社　１９８８年
内橋克人編『大震災のなかで　私たちは何をすべきか』岩波新書　２０１１年
L．ヒルベルザイマー著　渡辺明次訳『都市の本質』彰国社　１９７０年
大江正章著『地域の力』　岩波新書　２００８年
大崎順彦著『地震と建築』岩波新書　１９８３年
大野輝之、レイコ・ハベ・エバンス共著『都市開発を考える』岩波新書　１９９２年
大森直樹著『大震災でわかった学校の大問題』小学館新書　２０１１年
オギュスタン・ベルク著『風土の日本』ちくま学芸文庫　１９９８年
オフィスビル総合研究所『次世代ビルの条件』鹿島出版会　２０００年
海道清信著『コンパクトシティの計画とデザイン』学芸出版社　２００７年
河田恵昭著『これからの防災・減災がわかる本』岩波ジュニア新書　２０１１年
河田恵昭著『津波災害』岩波新書　２０１１年
栗原康著『共生の生態学』岩波新書　１９９８年
建設省河川局／水産庁編集『津波常襲地域総合防災対策指針（案）』１９８３年

小泉武栄著『山の自然学』岩波新書　１９９８年
小菊豊久著『マンションは大丈夫か』文藝春秋　２０００年
小林一輔、藤木良明共著『マンション』岩波新書　２０００年
小宮山宏著『地球持続の技術』岩波新書　１９９９年
澤田誠二＋藤澤好一 企画・監修『サスティナブル社会の建築』日刊建設通信新聞社　１９９８年
産経新聞取材班編『巨大地震が来る！』扶桑社　２００５年
C．A．ペリー著　倉田和四生訳『近隣住区論』鹿島出版会　１９７５年
G．B．ダンツィク、T．L．サアティ著　森口繁一監訳『コンパクトシティ』日科技連出版社　１９７７年
白石拓著『高層マンション症候群』祥伝社新書　２０１０年
多木浩二著『都市の政治学』岩波新書　１９９４年
都司嘉宣著『千年震災』ダイヤモンド社　２０１１年
寺田寅彦著『随筆選集・地震雑感／津波と人間』中公文庫　２０１１年
戸羽太著『被災地の本当の話をしよう』ワニブックス【ＰＬＵＳ】新書　２０１１年
中嶋和郎著『ルネサンス理想都市』講談社選書メチエ７７　１９９６年
野田正彰著『災害救援』岩波新書　１９９５年
羽鳥徳太郎著『津波による家屋の破壊率』東大地震研究所　地震研究所報告　Ｖｏｌ．５９　１９８４年
ＧＫ設計 花輪恒二著『都市と人工地盤』鹿島出版会　１９８５年
原田泰著『震災復興　欺瞞の構図』新潮新書　２０１２年
原田泰著『都市の魅力学』文藝春秋　２００１年

藤井聡著『列島強靭化論　日本復活5ヵ年計画』文春新書　2011年
松下圭一著『都市政策を考える』岩波新書　1971年
松永勝彦著『森が消えれば海も死ぬ』講談社ブルーバックス　1998年
溝渕利明著『コンクリート崩壊』PHP新書　2013年
村井嘉浩著『それでも東北は負けない』ワニブックス【PLUS】新書　2011年
山崎充著『豊かな地方づくりを目指して』中公新書　1993年
山下文男著『津波てんでんこ』新日本出版社　2011年
吉村昭著『三陸海岸大津波』文春文庫　2004年
力武常次著『日本の危険地帯 - 地震と津波 -』新潮選書　1988年
渡辺実著『高層難民』新潮新書　2007年
『現代用語基礎知識2006』自由国民社　2006年
『日刊建設通信新聞2011年3月14日〜』
『毎日新聞2011年3月12日〜』

【著者略歴】

阿部　寧（あべ　やすし）

1940年東京都生まれ

1963年武蔵工業大学（現 東京都市大学）工学部建築学科卒業

1968年ペルージャ外国人大学修学

1991年ハーバード大学JFK行政大学院「都市・地域計画」集中研修終了

〈職歴等〉

梓設計、国際開発コンサルタンツ、NPO法人建設環境情報センター理事、NPO法人建築・街づくり支援センター理事長、階段システム研究所主宰、建築環境コーディネーター、日本建築学会正会員

〈実績〉

山口厚生年金休暇センター、軽井沢土肥邸別荘、亀有駅前Mビル、中島邸、笠原邸、 大原邸、上池台カーサソーレ、鎌倉駅周辺再開発構想、 大船駅東口再開発設計、尼崎市塚口駅南口再開発、埼玉県南卸売団地設計・監理、能登半島地域開発構想、明石舞子団地中央施設設計、筑波農林研究センター計画、佐賀空港開発計画、沖縄工業団地開発計画、高松卸売団地計画、町田市総合体育館、川崎市津田山他土地活用調査、テクノプラザ葛飾改修計画　他多数

〈受賞〉

東京都建築士事務所協会・コア東京賞優秀賞「階段シリーズ」

中野警察大学校跡地活用コンクール「夢宅賞」

〈著書〉

『建築設計資料集成（収納部門）』共著、『改正建築士法Q＆A』共著、

『建築情報整理・活用マニュアル』共著、『建築情報源96 － 98』共著

〈執筆：建設倫理、階段研究、建築形態論等〉

『月刊アーガスアイ』（建築士のための今様コトバ事典連載）、『月刊コア東京』（階段シリーズ連載）、『月刊コア東京』（段状建築の歴史的変遷連載）、『季刊コスト情報』（階段はおもしろい連載）、『建築の研究』146号（「階段／写真・ディテール展」の仕掛けと効果）、『建築技術』2002年9月号（「階段の魅力」「階段は面白い」）、「日刊建設通信新聞」2003年4月（「階段は表舞台に」）、『庭』169号（「民が築いた石の文化」）、『建築技術』2009年12月号（「階段の歴史的変遷」、「S字型断面ユニバーサル階段の開発）、『建築東京』（東京建築士会）2015年12月～16年2月（「階段の魅力とは」）、『ヨコハマフォーラム21会』1990年（港町横浜の五感都市構想）

〈講演〉

東京電機大学（建設倫理）、東京都市大学（建築の生涯）、慶応義塾大学藤沢校（都市再開発手法）、建設セミナー（内部通報者保護法の運用）、建築文化講座（桂離宮の魅力、リーダーズ・ダイジェスト東京支社の構造、1964年東京オリンピックの全貌）他

〈特許取得〉

S字型ユニバーサル階段 2013年

〈視察〉

イタリア：ペルージャ、ミラノ、ベネッツィア、フィレンツェ、ボローニャ、ヴェローナ、ローマ、ナポリ、ポンペイ、アマルフィ、他各地／都市・建築　**オーストリア：**ウィーン／都市・建築　**ユーゴスラビア：**ザグレブ、ベオグラード、スコピエ／都市・建築　**米国：**ボストン、サンフランシスコ／都市・建築　**タイ：**バンコック／都市・建築他　**中国：**北京・内モンゴル・ダルトキ、中国唐山、承徳など／都市・建築視察・植樹活動

―津波被災地域を救う街づくり―
階上都市

2016年 12月 5日　　第1版第1刷発行

著　者　　阿　部　寧
©2016 Yasushi Abe
発行者　　高　橋　考
発行所　　三　和　書　籍

〒112-0013　東京都文京区音羽2-2-2
TEL 03-5395-4630　FAX 03-5395-4632
info@sanwa-co.com
http://www.sanwa-co.com/
印刷／製本　モリモト印刷株式会社

乱丁、落丁本はお取り替えいたします。価格はカバーに表示してあります。
ISBN978-4-86251-209-3　C3052

本書の電子版（PDF形式）は、Book Pub（ブックパブ）の下記URLにてお買い求めいただけます。
http://bookpub.jp/books/bp/449

三和書籍の好評図書

Sanwa Co.,Ltd.

これからどうする原発問題

脱原発がベスト・チョイスでしょう

安藤 顯 著

B6 判　並製　172 頁　定価：1,200 円+税

●2011 年 3 月 11 日に発生した福島第一原発の事故の被害は今日にも及び、将来においても深刻な後遺症を残す。被災者の苦悩のみならず、事故現場での危険な作業も今後数十年続く。また通常の原子炉でも、その廃炉作業は 30 年ぐらいの期間を要する。放射性廃棄物の処理方法も確立されていない。本書は原子力発電が抱えるさまざまな基本的・本質的問題を告発する。

島根核発電所　原発　その光と影

山本 謙 著

A4 判　並製　378 頁　定価：4,500 円+税

●島根原発の基礎資料ついに発刊！ 原発が導入され始めた初期の時代に、島根原発がどういう経緯で、どのようにして導入・建設されていったか、またその後の、2 基目、3 基目がどのようにして、追加的に建設されていったのか、そのプロセス、政治的な駆け引き、反原発運動が起きてからの対応など「島根原発」の歴史は、原発を語るうえでかかせない場所となっている。議会議事録や安全協定の文書など資料が豊富で、大変参考になる資料といえる。

これからの環境エネルギー

未来は地域で完結する小規模分散型社会

鮎川 ゆりか 著

A5 判　並製　280 頁　定価：2,400 円+税

●本書は、「エネルギーと環境」を考えるために、化石燃料・原子力・再生可能エネルギーなどの「資源」面、世界各国の優れた省エネ方法などの「利用」面、それらを踏まえた上で、環境と共存できる「社会」のあり方という 3 つの側面に注目して解き明かしていく。特に後半では、地球温暖化対策にも直結する小規模分散型社会の提案として、それを具体的に模索し、実現可能であることを示した。

建築構造を知るための基礎知識

耐震規定と構造動力学

石山 祐二 著

A5 判　上製　343 頁　定価：3,800 円+税

●改正建築基準法に対応！ 構造の「どうしてそうなるのか」を知るための本。数式の誘導を丁寧に解説！ 建築構造に興味をもつ人、構造のしくみを知りたい人、建築構造にかかわる技術者や学生の必読書。地震被害と耐震技術、構造動力学の基礎、構造動力学、付録の4部構成でそれぞれの項目について詳細に解説。

建築基準法の耐震・構造規定と構造力学

石山 祐二 著

A5 判　並製　556 頁　定価：4,800 円+税

●日本の耐震規定は、建築基準法と同施行令と建設省告示・国土交通省告示などによって、詳細に規定されている。しかし、法令や告示の条文を読んで理解したつもりでも、建築物に対する耐震規定を含む構造規定は、わかり難いのが実状である。本書は、耐震規定の全体像をわかりやすくまとめ、さらに法令・告示にどのように対応しているかを示した。初学者にも理解しやすい定番書。

三和書籍の好評図書

Sanwa Co.,Ltd.

住宅改修アセスメントのすべて

介護保険「理由書」の書き方・使い方マニュアル

加島守 著　高齢者生活福祉研究所所長

B5判　並製　109頁　本体2,400円+税

●「理由書」の書き方から、「理由書」を使用した住宅改修アセスメントの方法まで、住宅改修に必要な知識を詳細に解説！　豊富な改修事例写真、「理由書」フォーマット記入例など、すぐ役立つ情報が満載。

大家さんのための空き部屋対策はこれで万全!!

儲かるマンション経営

樋爪克好・河合明弘・武藤洋善 著

四六判・並製・200頁　本体1,500円+税

●本書には、筆者が父から家業を引き継いだときに直面したできごとや、その後、家業を手がけるなかで向き合わねばならなかった多くの問題と、その解決策が示されています。大家さんとひとくちに言っても、経営の規模、目的から現状に至る経緯、所有物件の立地による違いなどさまざまですが、「きっと必要な話」が詰まっているのが本書です。

森林は誰のもの　緑のゼミナール

日置幸雄 著四六判／上製／254頁　本体1,600円+税

●「国有林は国民林」こんな信念で伐採など開発の仕事には一切手を染めず、保全（コンサベーション）治山・砂防の道一筋に歩んだ50年、これはその森林技術者の手記である。国内はもとより、広く世界の森林を歩き、その荒廃ぶりにオロオロした筆者の、これは警告を含めた緑の哲学。改めて「森林は地球を救う」「地球に森林がなかったら」を実感させてくれる。

水を燃やす技術　資源化装置で地球を救う

倉田大嗣 著　日本量子波動科学研究所会長

四六判／上製／268頁　本体1,800円+税

●る油に変え、水や海水そのものを燃やす資源化装置が完成している。本書は、日本が実はエネルギー大国になりうることを示すもので、大きな希望を与えてくれる。

環境問題アクションプラン 42

意識改革でグリーンな地球に!

地球環境を考える会 著

四六判　並製　248頁　定価：1,800円＋税

●環境問題の現実をあらためて記述し、どう対処すべきかを42の具体的なアクションプランとして提案。大量生産大量消費の社会システムに染まったライフスタイルを根本から変えよう。